植物响应锂离子的分子生物学研究

◎马天利　主编

中国农业科学技术出版社

图书在版编目（CIP）数据

植物响应锂离子的分子生物学研究 / 马天利主编 . — 北京：
中国农业科学技术出版社，2021.1
　ISBN 978-7-5116-5123-5

　Ⅰ . ①植… Ⅱ . ①马… Ⅲ . ①植物学—分子生物学—研究
Ⅳ . ① Q946

　中国版本图书馆 CIP 数据核字（2021）第 016219 号

责任编辑　李冠桥
责任校对　马广洋
责任印制　姜义伟　　王思文

出 版 者　中国农业科学技术出版社
　　　　　北京市中关村南大街 12 号　邮编：100081
电　　话　（010）82109705（编辑室）（010）82109702（发行部）
　　　　　（010）82109709（读者服务部）
传　　真　（010）82106625
网　　址　http://www.castp.cn
经 销 者　各地新华书店
印 刷 者　北京建宏印刷有限公司
开　　本　710mm×1 000mm　1 /16
印　　张　6.25　彩插 8 面
字　　数　116 千字
版　　次　2021 年 1 月第 1 版　2021 年 1 月第 1 次印刷
定　　价　45.00 元

《植物响应锂离子的分子生物学研究》
编写人员

主　　编　马天利　宁夏大学农学院
副 主 编　陈　婧　宁夏大学农学院
　　　　　杨　蓉　新疆农业科学院微生物应用研究所
　　　　　李培富　宁夏大学农学院

参编人员　周　波　宁夏大青山农牧业发展有限公司
　　　　　罗成科　宁夏大学农学院
　　　　　田　蕾　宁夏大学农学院
　　　　　魏大为　宁夏大学农学院
　　　　　张银霞　宁夏大学农学院
　　　　　杨淑琴　宁夏大学农学院

前　言

　　锂是最轻的天然金属，属于碱金属家族成员。锂除了在工业和能源上的广泛应用外，在人体健康方面具有重要的作用。锂会干扰人类和动物的许多重要生物学过程。锂被公认为是治疗药物已超过 45 年，特别是对于某些患有双相情感障碍等疾病的患者。为了从药理水平上认识锂的作用机理，为研究新药物提供理论依据，目前在动物上对锂的具体作用机制研究较多。

　　锂不是植物生长发育的必需元素，但是大量研究发现锂对植物有许多正面和负面的影响。锂在不同植物物种和基因型中的积累具有差异，这取决于土壤中的锂含量、植物吸收、转运和耐受锂的能力等多个因素。目前关于植物响应锂离子的分子生物学研究较少，因此本书总结了已有的研究结果，引用了国外许多相关的资料和图片，是一本涉及植物逆境生理、植物细胞信号转导、重要功能基因发掘等领域的研究专著。

　　全书共分六章，第一章介绍锂元素及用途；第二章介绍锂在动植物中的研究；第三章介绍植物对锂的吸收、转运及调控机制；第四章介绍植物钙感受器 CBL 及其互作蛋白 CIPK 的研究；第五章介绍拟南芥蛋白激酶 CIPK18 响应锂离子的实验证据；第六章介绍植物响应锂离子的实验方法。初稿编写后，由各编写人员交互审阅，并经主编、副主编多次修改，期间得到了中国农业大学生物学院植物生理学与生物化学国家重点实验室王毅教授、宁夏大学农学院农业资源与环境教研室王锐教授以及中国农业科学技术出版社的指导和关心，在此一并表示衷心感谢。

　　由于编者水平有限，编写时间仓促，书中定会存在不足之处，敬请科教界同仁和广大读者提出宝贵意见，以便今后做进一步的修改和补充。

编　者

2020 年 8 月

目　录

第一章 锂元素及用途

第一节 元素的分布

元素，又称化学元素，是对质子数相同的一类原子的总称。2019 年为止，人类已经发现的元素共有 118 种，其中 94 种为地球上存在的天然元素，其余为人工合成元素。

地球上天然存在的元素主要存在于岩石圈、水圈和大气圈。通常将化学元素在地球化学系统中的平均含量称为丰度。由于美国人克拉克最早准确地测定了地壳内元素的平均含量，为了纪念他，通常把各元素在地壳中含量的百分比称为"克拉克值"，如以质量百分数表示，就称为"质量克拉克值"或简称"克拉克值"；如以原子百分数表示，则称为"原子克拉克值"。地球上分布最广的 10 种元素如表 1-1 所示。

表 1-1　地球上分布最广的 10 种元素的质量分数

元素符号	O	H	Si	Al	Na	Fe	Ca	Mg	K	Ti
中文名称	氧	氢	硅	铝	钠	铁	钙	镁	钾	钛
质量分数（%）	52.32	16.95	16.67	5.53	1.95	1.5	1.48	1.39	1.08	0.22

由表 1-1 可见，以上 10 种元素约占地壳中原子总数的 99%，其余所有元素的含量累计不超过 1%。由于海水的总体积（约 1.4×10^9 km³）十分巨大，大气也约有 100 km 厚，因此，它们都是元素资源的巨大宝库。

第二节 元素的分类

目前发现的 100 多种元素按性质分为金属元素和非金属元素，其中金属元素 90 多种，非金属元素 24 种。金属元素和非金属元素可以通过长式周期表中硼—硅—砷—碲—砹和铝—锗—锑—钋之间的对角线来区分，其中，位于对角线左下方的都是金属元素；右上方的都是非金属元素。这条对角线附近的锗、砷、锑、碲称为准金属元素，因其单质的性质介于金属和非金属之间，故多数可作半导体使用。

此外，元素又可分为普通元素和稀有元素，其中，稀有元素一般指自然界中含量少或分布稀散，或是被人们发现得较晚，或是难从矿物中提取，或在工业上制备和应用较晚的元素。而普通元素主要是指元素周期表中前四周期的除 Li（锂）、Be（铍）和稀有气体元素以外的元素。随着人们对元素认识的深入，各种元素的应用也日益广泛，普通元素和稀有元素之间的界限已经越来越模糊了。

根据元素的生物效应，化学元素还可以分为具有生物活性的生命元素和非生命元素。目前，在生命体内，已经发现了 60 多种与生命有关的元素，这些元素在生命体内含量千差万别，其作用各不一样。现代生物学和医学研究认为，与生命有关的 60 多种元素按照其生物效应的不同，又可分为必需元素、有毒元素、有益元素和不确定元素四类。

在生命必需的元素中，按体内含量的高低可分为宏量元素（常量元素）和微量元素，其中，宏量元素（常量元素）指含量占生物体总质量 0.01% 以上的元素。如在人体中的含量均大于 0.03% 的 O、C、H、N、P、S、Cl、K、Na、Ca 和 Mg 等，它们共占人体总质量的 99.95%，其中前 6 种是蛋白质、脂肪、糖和核酸的主要成分，即构成生物体的基本元素；后 5 种则是血液和体液以及许多重要生化、代谢过程的必需组分。而微量元素指占生物体总质量 0.01% 以下的元素。如 Fe、Si、Zn、Cu、I、Br、Mn 等，它们占人体总质量的 0.05% 左右。尽管微量元素在体内的含量小，但它们大都是生物体内酶的活性中心，在生命活动中具有十分重要的作用。对于必需元素均有一个最佳摄入量的问题。例如，人体对碘的最小需要量为 0.1 mg/d，耐受量为 1 000 mg/d，大于 1 000 mg 即为中毒量。

宏量元素、微量元素在生命科学中具有十分重要的地位。这些无机物质不仅对于维持生物大分子的结构至关重要，而且广泛参与各种生命过程，例如，参与酶和蛋白质的合成、构象、分泌、转运、磷酸化和细胞调节，参与基因的转录、表达、调控和分子识别，而且在物质输送、信息传递、生物催化和能量转换中都起着十分关键的作用。

第三节　锂元素概述

锂元素属于碱金属家族成员，碱金属是周期表 IA 族元素，包括锂、钠、钾、铷、铯、钫六种金属元素，它们的氧化物溶于水呈碱性，所以称为碱金属。碱金属具有密度小、硬度小、熔点低、导电性强的特点，是典型的轻金属。锂是固体单质中最轻的，它的密度约为水的一半。

锂是 1817 年由瑞典化学家在分析花瓣状矿物（Petalite mineral）时发现，因此以希腊文的石头 lithos 得以命名。地壳中约有 0.006 5% 的锂，其丰度居第 27 位（Habashi, 1997）。锂是最轻的天然金属，是金属活动性较强的金属（金属性最强的金属是铯），具有易燃性和高反应性。化学性质活泼的锂，在自然界不以元素状态单独存在，多以化合物形式出现于一些矿物质中。已知含锂的矿物有 150 多种，其中主要有锂辉石、锂云母、透锂长石等。锂也存在于天然的盐湖和海洋中（Habashi, 1997）。在地球环境中，锂通常以 Li_2CO_3、$LiCl$ 或 Li_2O 的形式存在。

锂元素的基本理化特征如表 1-2 所示，锂为一种银白色的轻金属，原子序数是 3，原子量是 6.941，熔点为 180.54℃，沸点 1 342℃，密度 0.534 g/cm³，莫氏硬度为 0.6，焰色反应为紫红色，天然锂有两种稳定同位素：锂 6 和锂 7。

表 1-2　锂元素的基本理化性质

特征	锂（Li）
原子序数	3
原子量	6.941
组	1, 碱金属
期	2
熔点	180.54℃
沸点	1 342℃
密度	0.53 g/cm³
氧化态	1
晶体结构	立方体

（续表）

特征	锂（Li）
莫氏硬度	0.6
颜色	银白色
焰色反应	紫红色
自然发生稳定同位素	^6Li, ^7Li

第四节　锂元素分布

研究发现，锂在地壳（Earth crust）中的含量约为 2 mg/kg，在土壤中的浓度范围从小于 1 mg/kg 到 200 mg/kg（Schrauzer，2002；Aral and Vecchio-Sadus，2008），在土壤（Soil）中锂的平均含量约为 26 mg/kg（图 1-1）（Tanveer et al., 2019）。表层土壤含锂量通常少于底层土壤。土壤中黏土部分含锂浓度通常高于有机土壤（Schrauzer，2002）。

锂在不同矿物和水体中的含量差异较大，例如，锂在火成岩（Igneous rock）中的含量约为 26 mg/kg，在页岩（Shale）中的含量约为 62 mg/kg，在砂岩（Sandstone）中的含量约为 15 mg/kg，在石灰石（Limestone）中的含量约为 12 mg/kg（图 1-1）。除了一些特殊地区外，锂在水中的含量一般很低，如锂在海水（Sea water）中的含量约为 0.17 mg/kg，在淡水（Fresh water）中的含量约为 0.07 mg/kg，在地下水（Ground water）中的含量约为 0.5 mg/kg，

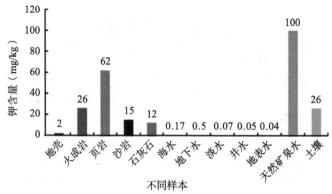

图 1-1　锂在不同岩石、水体和土壤中的含量比较
（Mason, 1974；Scott and Smith, 1987；Lenntech, 2007）

在地表水（Surface water）中的含量约为 0.04 mg/kg，在井水（Well water）中的含量约为 0.07 mg/kg（Tanveer et al., 2019）。

研究发现，在奥地利、智利北部、阿根廷北部的饮用水中，锂的浓度能够达到 1 mg/kg（Kapusta et al., 2011；Zaldivar, 1980；Concha et al., 2010）。令人惊讶的是，在某些天然矿泉水（Natural mineral water）中发现了更高的锂含量（高达 100 mg/kg）（Tanveer et al., 2019）。此外，死海中的锂含量能够达到至少 20 mg/L（Habashi，1997）。智利北部阿塔卡马沙漠的萨拉尔·阿塔卡马盐沼平均锂含量能够达到 1 500 mg/L，这是全球最大的天然锂盐水库之一，在过去的几年中，全球获得的所有锂中有近 40% 来自这个盐湖生态系统。该盐沼天然富含锂，代表了迄今为止地球上描述的最咸的环境之一（以氯化锂为主）（Cubillos et al., 2018），因而使智利也成为世界锂产品的领先生产商。地壳沉积物中的大部分锂储量都位于南美大陆的一连串盐湖中，位于智利、玻利维亚和阿根廷之间的狭窄区域，被称为"锂三角"（Xu, 2019）。

研究还发现了富锂恒星。这些恒星大约在 40 年前首次发现，其锂含量是其他巨型恒星的 1 000 倍。已知大约 1% 的巨星在其大气中含有异常高的锂丰度。尽管不是很常见，但是如何产生锂仍然是一个谜。2018 年 8 月，由中国科学院国家天文台带领的科研团队依托大科学装置郭守敬望远镜（LAMOST）发现一颗奇特天体，它的锂元素含量约是同类天体的 3 000 倍，绝对锂丰度高达 4.51，是人类已知锂元素丰度最高的恒星（Yan et al., 2018）。这一重要天文发现对锂在宇宙中的产生和演化提出了一系列新的问题和探索方向。

预期质量类似于太阳的绝大多数恒星将通过低温核燃烧在其生命过程中逐渐破坏锂（Li）。这已经得到了成千上万的红色巨星观测的支持。当所有太阳般的恒星燃烧通过其核心中的所有氢后，它们的大小扩大了数百倍，最终变成更亮更红的巨星。当恒星变成巨星时，它们会经历三个不同的巨相（在颜色和亮度上都看上去非常相似）。研究人员对演化的红色团块阶段（紧随红色巨星分支阶段）的恒星中的 Li 含量进行了大规模的系统研究（Kumar et al., 2020）。出乎意料地发现所有红色块状星在其进化阶段都具有较高的 Li 含量，与红色巨星分支阶段结束时相比，平均增加了 40 倍，这表明低质量恒星在从一个相转移到另一个相转移时必定会产生锂。锂富集如何产生尚不清楚，研究人员对最佳恒星模型也并未预测到这一点（Kumar et al., 2020）。

在全球范围内，丰富的锂不仅罕见，而且分布极为不均匀。锂存在量为百万吨以上的前十个国家分别是：玻利维亚、智利、中国、美国、阿根廷、澳大利亚、塞尔维亚、巴西、刚果、加拿大，其中，中国排名世界第三（图1-2）（Tanveer et al., 2019）。在欧盟地区，锂主要在葡萄牙生产。

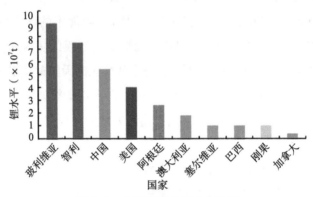

图1-2　含锂丰富的前十个国家

注：来源于2012年美国地质调查局数据（Tanveer et al., 2019）。

第五节　锂元素用途

高科技金属是在高科技生产中仅需要少量，但在战略上却非常重要的一类金属元素，也包括某些稀土元素，例如钴（Co）可用于制药业、不锈钢和航空航天设备的生产，锂应用在锂电池、制药业等重要行业中。碲是半导体行业中的重要元素等（Kang et al., 2013）。一个国家的经济增长，科技进步很大程度上取决于新技术、新材料的创新和发展，因此，高科技金属在新技术的生产和创新中至关重要。

锂属于高科技金属之一。自然状态下的锂存在于各种岩石矿物中，处于非活跃状态，由于人为冶炼、开采，锂电池的生产及其他多种工业用途，包括探测器、陶瓷、保湿剂以及原子反应堆中的应用等使锂变成活跃状态（Scrosati and Garche, 2010；Bonino et al., 2011）。在不同的人工用途中，锂在玻璃生产（Glass production）行业中的使用最高，占所有工业用途的32%，其次是锂离子电池（Batteries）的使用，占比22%，在润滑剂（Lubicant）和制药业（Pharmaceutical industry）中的使用占比均是 11%，此外，锂参与干燥剂（Drying agent）、空气处理（Air treatment）、纳米锂在混凝土地面处理中的应用（Nano-Li in concrete floor treatment）、铝加工（Aluminium processing）的占比分别是 10%、6%、6% 和 2%（图 1-3）（Tanveer et al., 2019）。

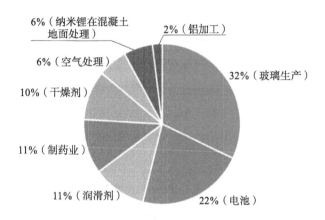

图 1-3　锂在不同行业中的应用比例（Tanveer et al., 2019）

锂除了在工业和能源上的广泛应用外，在人体健康方面具有重要的作用。早在 1970—1990 年，研究发现用含锂低的配给量喂养大鼠和山羊，动物表现出较高的死亡率，生殖和行为异常。对人而言，还没有发现由锂营养缺乏造成的疾病，但是饮用水中锂的浓度与自杀、杀人和毒品犯罪率呈显著负相关（Liaugaudaite et al., 2017）。胚胎中含有相对高的锂，说明锂在胚胎发育早期具有重要的作用（Schrauzer, 2002）。锂是有效的情绪稳定剂，锂盐，特别是 Li_2CO_3 和 $C_2H_3LiO_2$ 在治疗双相情感障碍方面具有广泛的用途（Rosenthal, 1982；Peet and Pratt, 1993；Goldstein and Mascitelli, 2016）。

第六节　锂元素污染

土壤 pH 值会影响锂在土壤中的生物利用度。和碱性土壤相比，植物在酸性和盐渍土壤中对锂有更高的吸收性（Aral and Vecchio-Sadus, 2008）。然而，现代工业化的快速发展使锂离子过多地释放到我们的生态系统中，例如矿石的冶炼和开采导致工业废水排放到土壤和水体中，植物通过对土壤和水中锂的吸收，让过量的锂进入食物链（Shah et al., 2016）。

不同食物中锂浓度差异较大，例如，研究人员对生长在约旦河谷的多叶作物研究发现，假定每日食用 300 g 新鲜生菜，则其中锂含量为 0.3~0.6 mg/kg FW（鲜重），但估计的每日锂需求量为 0.09~0.18 mg/kg；假定每日食用 100~400 g 新鲜白菜，则其中锂含量为 1.2 mg/kg FW，但估计的每日锂需求量为 0.12~0.48 mg/kg；假定每日食用 100 g 新鲜绿色洋葱，则其中锂含量为 1.8 mg/kg FW，但估计的每日锂需求量为 0.18 mg/kg；假定每日食用 250~300 g 新鲜菠菜，则其中锂含量为 4.6 mg/kg FW，但估计的每日锂需求量为 1.15~1.38 mg/kg(Ammari et al., 2011)。这说明有些农产品已经被锂所污染，由此也会被转移到食物链的另一个成员。

锂对环境影响的另一个不可忽视的因素是消费者随意丢弃废旧锂电池。锂电池具有能量高、效率高、寿命长等独特性能，因此成为消费电子市场的首选电源，每年的产量为数十亿个（Scrosati and Garche, 2011）。然而，这些电池普通体积较小，因此使用它们的消费产品弃置率很高，并且各国对其弃置缺乏统一的监管政策，这意味着锂电池的随意弃置可能对环境带来巨大污染，对生态系统的可持续发展造成不良影响，并最终影响人类健康（Kang et al., 2013）。研究发现，不同手机里的弃置锂电池会有不同程度的有毒离子释放，除了锂离子外，还有不同程度的铅、钴、铜、镍、银等，这些都是潜在的生态毒性元素（Kang et al., 2013）。

尽管中国是最大的锂离子电池制造商和消费者，但在中国消费电子产品中回收锂离子电池的比例却较低，研究人员粗略估计，目前用于消费类电子产品的锂离子电池中只有不到 10% 可以回收，而其他锂离子电池则总是被闲置或填埋（Gu et al., 2017）。研究人员调查发现，尽管受访者表示愿意回收利用废弃锂电池，但大多数人都不知道将用过的锂离子电池寄往何处（Gu et al., 2017）。目前在中国，只有极少数的回收从业人员在收集废锂离子电池，供应不足也会对当前的回收行业产生重大影响，因此希望能够通过政策影响，提高消费电子产品中废旧锂离子电池的回收率。

人为因素已经造成了某些地区土壤中的锂离子含量过高，给该地区的动植物群落以及人类健康带来影响。在全球范围内，锂的污染正在增加，并且对环境和人类健康产生了严重威胁（Shahzad et al., 2017）。如果人类食用从受锂污染的土壤中种植的农作物，或者食用锂污染的水灌溉的农产品，长久的体内锂积累就会带来不同程度的健康问题（Pompili et al., 2015）。通常依赖锂的工业基地周围农田锂污染较为严重。

第二章 锂在动植物中的研究

第一节 锂在动物中的研究

研究发现，锂会干扰人类和动物的许多重要生物学过程（表2-1）（Tanveer et al., 2019），例如，锂能够改变昼夜节律和褪黑激素的节律，能够降低己烯酸环化酶和磷酸肌醇的活性，能够干扰 K^+ 和 Ca^{2+} 吸收，降低 5- 羟色氨酸受体和胆碱转运，在数量明显增加的多色红细胞小鼠腹腔内注射 1.1 g/kg 的锂之后，发现锂能够影响小鼠染色体的分布等（King et al., 1979）。

表 2-1　锂在人类和动物中参与的不同生物学过程

生物学中文名称	生物学英文名称	锂参与的不同生物学过程
昼夜节律运动	Circadian movement	改变昼夜节律和褪黑激素节律
酶活性	Enzymatic activity	降低己烯酸环化酶、磷酸肌醇的活性
离子稳态和转运体活性	Ionic homeostasis and transporters activity	干扰 K^+ 和 Ca^{2+} 吸收，降低 5HTP 受体和胆碱转运
能量产生	Energy production	减少环状瓜丹尼单磷酸盐的产生
神经元活性	Neuron activity	引起双极效应，使神经元去极化，改变神经递质并阻断神经元中的离子通道
核酸代谢	Nucleic acid metabolism	改变 RNA 和 DNA 代谢

注：Tanveer et al., 2019。

锂不是生物有机体生长发育的必需元素，在生物体内参与的具体生物学功能研究也非常有限，但由于其半径较小且偏振强度高的化学特性，锂对一些必需元素表现出高亲和力和相似性，在某些情况下可以代替这些必需元素，例如 Na^+、K^+、Ca^{2+} 和 Mg^{2+}（Sapse and Schleyer, 1995; Birch, 2012; Dolara, 2014; Shahzad et al., 2017）。在谷物和蔬菜中可以检测到锂（Schrauzer, 2002）。自然界的风化作用使锂从矿石中转移到土壤中，继而被植物吸收，通过食草动物、食肉动物进入食物链。19 世纪晚期在人类的各种组织器官包括胚胎组织都可以检测到锂离子的存在，由此开始探索组织中锂离子可能的特定功能（Schäfer, 2000）。

由于 Li^+ 和 Mg^{2+} 具有相似的离子半径，推测可能会和 Mg^{2+} 竞争来影响一些蛋白酶类活性（Amari et al., 1999 ; Gould et al., 2002）。锂能够选择性地与 DNA 结合，可能参与 DNA 合成和修复（Becker and Tyobeka, 1990）；锂还可以使一些调控酶活性的蛋白复合体去稳定化（Beaulieu and Caron, 2008）。研究发现，锂可以抑制多种酶类蛋白，如肌醇单磷酸酯酶（IMPase）、肌醇多磷酸盐 -1- 磷酸酶（IPPase）、果糖 -1,6- 二磷酸酶（FBPase）和磷酸核苷酸酶（BPNase）（York et al., 1995）。锂还对腺苷酸环化酶、磷酸肌醇级联反应（及其对蛋白激酶 C 的影响）、花生四烯酸代谢以及神经营养级联反应具有不同程度的影响（Quiroz et al., 2004）。

锂对肌醇单磷酸酯酶（IMPase）和肌醇多磷酸盐 -1- 磷酸酶（IPPase）的抑制效应导致了肌醇损耗假说机制的提出（Berridge et al., 1989）。该假说认为锂通过抑制 IMPase，减少了肌醇的浓度，导致磷酸肌醇 PI 的抑制。可能导致胞外刺激不能引起肌醇的产生（Gani et al., 1993）。尽管有些实验不能吻合该理论，但是锂确实降低了脑中游离肌醇的水平（Allison and Stewart, 1971）。

锂被公认为是治疗药物已超过 45 年，特别是对于患有双相情感障碍疾病的患者（Léonard et al.,1995）。双相情感障碍是一种常见的、严重的、慢性的且经常危及生命的疾病，与其他医学和精神疾病（即合并症）相关。世界人口中有 1%~3% 的人患有双相情感障碍疾病（Quiroz et al., 2004），1949 年，锂的抗躁狂作用被澳大利亚精神科医生 John F. Cade 发现，彻底改变了这种破坏性疾病的治疗方法。

John F. Cade 担任澳大利亚维多利亚州心理卫生部门的高级医疗官时，他注意到甲状腺内分泌疾病患者表现出与躁狂、抑郁症临床表现相似的症状，甲状腺功能亢进症患者的症状与躁狂期患者相似，而甲状腺功能低下的特征与那些抑郁症患者相似（Cade, 1947）。他推测躁狂抑郁症疾病的起源是激素功能障碍或者是尿中排泄的某种毒素造成，因此他设计了一系列有趣的动物研究（López-Muñoz et al., 2018）。最初，他从躁狂和忧郁症患者以及健康对照中收集尿液样本，经过浓缩后，他以不同的剂量将它们注射到豚鼠腹膜内。一些用大量尿液治疗过的动物会出现抽搐运动，长时间失去知觉甚至死亡，这再次证实了 Cade 的想法，即这些患者的尿液中可能含有某种有毒物质（López-Muñoz et al., 2018）。起初，他认为这种物质可能是尿素，后来通过各种实验，他推测这种物质可能是尿酸。在后续的动物实验中，他使用了尿酸锂（一种可溶性更高的盐）并出人意料地发现，在 8% 尿素溶液中注入 0.5% 的这种盐可保护动物免受先前观察到的惊厥现象的影响（López-Muñoz et al., 2018）。研究结果以《锂盐在治疗精神病性兴奋中的作用》为标题，发表在 1949 年的《澳大利亚医学杂志》上（Cade, 1949）。研究发现锂盐在治疗躁狂症方面显示出巨大的功效，并且在短短几天内就表现出了这种功效。锂在治疗早期痴呆中的躁狂表现方面也相对有效。六个躁动不安的精神分裂症患者，多年来首次服用锂治疗，其中的三个患者变得轻松和镇定，当锂停止使用后，它们都恢复了原始状态。锂治疗的中断也会导致躁狂症状的再次出现。锂在慢性抑郁症患者中没有效果。Cade 还给出了推荐的剂量方案，即为 900 mg/d，分为 300 mg/d，每天 3 次，直至观察到临床改善，在维持期间为 300 mg/d。锂疗法的不良反应有两种，即消化系统（恶心、呕吐、腹泻、腹痛等）和神经系统（震颤、头晕、虚弱、抑郁等），锂停用后 2~4 d，患者的不良反应就会消失。要恢复治疗，患者需要从较低剂量开始接受治疗，否则应使用碳酸盐代替柠檬酸盐，因为碳酸盐更易溶且更易于吸收（Cade, 1949）。

锂是一价阳离子，无论是以胶囊形式的碳酸锂，液体制剂的柠檬酸锂或其他形式，都应始终与阴离子口服。一片碳酸锂离子浓度为 56.36 mg，通常在医生推荐时建议使用（Okusa and Crystal, 1994）。通常，锂的血清治疗浓度为 5.6~8.4 mg/L，轻度毒性的临床体征是在锂浓度为 10.5~17.5 mg/L 时观察到，当锂浓度大于 24.5 mg/L 时，人体通常会出现严重的毒性反应（Jaeger, 2003）。锂中毒病例可观察到肾症状，如肾小管损害和硬化性肾小球（Chmielnicka and Nasiadek, 2003）。

为了从药理水平上认识锂的作用机理，为研究新药物提供理论依据，在动物中对锂的具体机制研究较多。锂的作用机制是复杂多样的，表现出广泛的活性范围，和其他元素、药物、酶、激素、维生素、生长和转化因子等有关。研究发现补充锂可以治疗抑郁症可能和单胺氧化酶的活性升高有关，在缺锂条件下，该酶活性降低。在小鼠白血病细胞株 L1210 中发现锂可以增强叶酸和维生素 B_{12} 的活性。叶酸和维生素 B_{12} 可以影响情绪变化，锂刺激这些维生素转运体进入脑细胞，从而作为在营养储存水平抗抑郁症和抗躁狂症药物的机制。当缺锂时，这些因子的转运活性受到抑制并且外补锂后可以恢复酶的活性。此外，动物研究发现锂在多功能干细胞增殖方面起着重要的作用（Levitt and Quesenberry, 1980；Gallichio and Chen, 1981）。锂能够治疗躁狂 - 抑郁性精神病等疾病，主要是因为锂主要作用于中枢神经系统并干扰神经元的活动（Schrauzer, 2002；Aral and Vecchio-Sadus, 2008）。新的研究发现 ECM 调节赖氨酰氧化酶（LOX）和过氧化物酶体增殖物激活受体 -γ 是锂的新型星形胶质靶标，是星形胶质细胞形态和增殖的重要调节剂（Rivera and But, 2019）。星形胶质细胞是多功能的神经胶质细胞，在支持突触信号传导和白质相关联的连接中起重要作用。越来越多的证据表明，星形胶质细胞功能障碍与几种脑部疾病有关。

　　锂是双相情感障碍最有效和最完善的治疗方法，它可以维持缓解期，降低自杀风险且在细胞途径中具有广泛的作用。然而，尚不清楚在双相情感障碍中通过锂盐产生和维持治疗效果的具体过程（Malhi and Outhred, 2016）。经过数十年的研究，锂在预防双相情感障碍复发中的作用机制仍然也只有部分了解。锂的研究由于缺乏合适的双相情感障碍动物模型、小样本量的限制以及必须依赖外周组织的体外研究而变得复杂（Alda, 2015）。关于锂的遗传分子调控机制多年来出现了许多不同的假设，但没有一个结论得到绝对性的支持或反对。研究发现，锂能够影响细胞信号转导的多个步骤，通常会增强细胞的基础活性并抑制刺激活性。这些调节网络的一些关键节点包括 GSK-3（糖原合酶激酶 -3）、CREB（cAMP 反应元件结合蛋白）和 Na^+-K^+ ATPase 等（Alda, 2015）。

　　尽管锂一直是双相情感障碍长期治疗的金标准，但仍有很大一部分患者对锂盐的反应不足。而且，锂可引起严重的副作用，很多双相情感障碍患者对锂盐耐受性差且治疗指数窄。早期研究发现个体对锂反应的差异是一种遗传性状。目前，锂反应的遗传学已经得到了广泛地研究，但是仍未能鉴定出可靠的生物标志物来预测临床反应（Pisanu et al., 2016）。这很大程度上取决于锂反应的高度复杂表型和遗传结构。识别与锂反应相关的遗传因素对于更好地了解锂的作用方式，开发预测模型以优化双相情感障碍的长期治疗具有非常重要的作用（Papiol et al., 2018）。

2016 年，国际锂遗传学协会发表了迄今为止最大的关于锂反应的全基因组关联研究（GWAS），该研究分析了 22 个参与站点收集的 2 563 名患者的超过 600 万个常见单核苷酸多态性（SNP）的数据，并且与已知可靠性的锂响应分类和连续等级进行关联分析（Hou et al., 2016）。研究发现，人类 21 号染色体上 4 个 SNP 的单个基因座与锂反应显著关联，该区域包含两个长链非编码 RNA（lncRNA）基因。在一项独立的前瞻性研究中对 73 例接受单 – 锂盐治疗长达两年的患者进行验证，发现与锂反应相关的等位基因携带者的复发率显著低于其他等位基因的携带者（Hou et al., 2016）。该结果提供了有关锂的药物遗传学的相关见解，支持了基因组非编码部分能够参与锂治疗双相情感障碍的临床反应。另一项研究工作使用非聚腺苷酸化的文库，对来自双相情感障碍患者和健康对照的人死后内侧额回组织进行 RNA 测序，结果发现双相情感障碍患者中选择性剪接事件的总体数量和携带选择性剪接事件的基因数量均有增加。同时研究发现两种环状转录物 cNEBL 和 cEPHA3 的水平在双相情感障碍患者中也发生了变化（Luykx et al., 2019）。该结果进一步说明了双相情感障碍发病机理非常复杂，多种类别 RNA［编码 RNA、长非编码（lnc）RNA、环状（circ）RNA 和 / 或可变剪接］的失调可能也是双相情感障碍发病机理的基础。这些研究结果为将来的药理研究和生物标记物研究提供了途径（Luykx et al., 2019）。

研究人员对日本 18 个邻近城市，超过 100 万人口饮用水中的锂浓度与全因死亡率进行关联分析，结果表明二者之间呈显著负相关，说明长期低剂量摄入锂可能具有抗衰老能力。研究同时发现长期低剂量摄入锂也可延长线虫的寿命（Zarse et al., 2011）。为了研究长寿的遗传分子机制，研究人员用锂处理模式生物果蝇（Drosophila melanogaster）后，发现当抑制糖原合酶激酶（GSK-3）和激活核因子（NRF-2）的活性后，果蝇（不分性别）的寿命可以延长（Castillo-Quan et al., 2016）。GSK-3 是众所周知的衰老治疗靶标，因此可能具有相同的延长哺乳动物个体寿命的生物学功能，但这可能需要持续的锂疗法。研究人员对减少锂处理对黑腹果蝇雌性衰老的影响结果表明，锂在健康的生命周期中起着至关重要的作用（Zhu et al., 2015）。

此外，一定水平的锂能够调控人们的良好情绪，但是其作用机制研究依

14

然非常有限。相对较低的锂浓度会影响中枢神经系统，研究发现那些饮用水中锂水平低于平均水平（0.07~0.170 mg/L）的国家，其自杀率、犯罪率和吸毒成瘾率却显著增加（Schrauzer and Shrestha, 1990）。当饮用水中锂浓度大于 0.015 mg/L 时，可以预防痴呆症（Kessing et al., 2017）。适当增加锂摄入量还会降低暴力倾向（Goldstein and Mascitelli, 2016）。因此，居住在锂缺乏地区的人们应该注意调整日常饮食结构，定期补充锂（Aral and Vecchio-Sadus, 2008）。在动物中，研究发现，锂缺乏会导致低受孕率、高流产率、奶产量减少和奶中总脂肪含量降低等现象（Schrauzer, 2002）。

　　锂对人类和动物既有积极的影响，又有很多负面作用。在多种器官中，锂的毒性会导致许多不同器官的健康问题。例如，震颤、水肿、心律失常、导致胃肠道疾病和甲状腺功能的减退（Kato et al.,1996；Tandon et al.,1998；Grandjean and Aubry, 2009）。受锂中毒影响的器官系统按降序排列（神经和肾脏症状为常见）依次为神经、肾脏、胃肠系统、神经肌肉、心脏、内分泌系统、血液系统等，如果不加注意，急性中毒会导致一系列慢性中毒症状（Timmer and Sands 1999；Shahzad et al., 2017）。例如，如果锂中毒发生在神经系统，则急慢性中毒症状可能表现为震颤、虚弱、反射亢进、肌肉抽搐可能导致癫痫发作或昏迷。如果锂中毒发生在肾脏，则急性中毒症状可能表现为尿液浓度异常，如果不加以干涉，则可能会变成间质性肾炎、尿毒症、肾源性糖尿病、肾功能衰竭等肾脏相关疾病。如果锂中毒发生在胃肠系统，则急慢性中毒症状可能表现为恶心、呕吐和腹泻等疾病。如果锂中毒发生在神经肌肉上，则急性中毒症状可能表现为肌肉和周围神经病变，慢性中毒症状可能表现假性脑、精神病等疾病。如果锂中毒发生在心脏上，则急慢性中毒症状可能表现为延长 QT 间隔、T 波峰变化，甚至心肌炎等心脏疾病。如果锂中毒发生在甲状腺上，则慢性中毒症状表现为甲状腺功能减退。如果锂中毒发生在血液系统，则急性中毒症状表现为白细胞增多，如果不加以干涉，则可能会变成再生障碍性贫血等疾病。

　　由于个体代谢率的差异，不同人对口服金属锂对身体造成毒性的耐受性不同（Shahzad et al., 2017）。在人类中，摄入 5 g LiCl 就可能导致致命的毒性，在大鼠中，锂的致死剂量为大于 500 mg/kg 体重（Aral and Vecchio-Sadus, 2008）。不同种类的鱼对锂的致死剂量不同，极度敏感的鱼类，生长培养基中锂的致死浓度为 13 mg/L，耐受性的鱼类这一浓度可以达到 100 mg/L 以上（Dwyer et al.,1992；Hamilton, 1995；Long et al.,1998）。当然，水生物种暴露于锂剂量的持续时间也影响锂毒性的程度。例如，呆鲦鱼（*Pimephales promelas*）在锂胁迫环境中生存 26 d 的致死剂量为 1.2~8.7 mg/L，而唐鱼（*Tanichthys albonubes*）在锂胁迫环境中生存 2 d 的致死剂量为 9.2~62 mg/L（Lenntech, 2007）。

废物处理、回收设施、化学药品和制造业泄漏是锂进入淡水和地下水的主要人为来源，水体中的生物也由此造成了不同程度的影响。例如，和在淡水水库中体内锂含量结果相比较，实验动物水蚤（又称淡水蚤）在锂毒性阈值水平条件下体内可以积累高达 10 倍的锂（Lenntech, 2007）。从基因上来讲，服用碳酸锂很多天的怀孕小鼠没有显示出任何明显的作用，而服用六倍的剂量会产生严重的后代畸形（Smithberg and Dixit ,1982）。

第二节　锂在植物中的研究

植物必需元素是一类在植物生长发育过程中发挥重要功能的营养元素。当植物缺乏或者生长环境中该元素极端过量时，都会影响植物的正常生长和发育。锂可以被所有的植物吸收，一般而言，植物中的锂含量介于 0.2 ~30 mg/kg（Lennetech ,2007）。

尽管锂不是植物生长发育的必需元素，但是大量研究发现锂对植物有许多正面和负面的影响，这取决于外界环境中锂的浓度（表 2–2）。

表 2–2　不同植物物种对低剂量、高剂量锂浓度的生物学效应

中文名称	不同锂浓度及对应的生物学效应	参考文献
罗布麻	50 mg/kg——根和茎干重、光合色素含量和光合作用都未降低 200 mg/kg 和 400 mg/kg——植物生物量、光合作用和叶绿素含量显著减少和改变	Jiang et al., 2014
向日葵	20 mmol/L 和 40 mmol/L——下胚轴长度和下胚轴环化均无明显减少 60 mmol/L 和 80 mmol/L——幼芽长度分别减少了 34% 和 55%，环化减少了 30% 和 70%	Stolarz et al., 2015

（续表）

中文名称	不同锂浓度及对应的生物学效应	参考文献
生菜	2.5 mg/dm³——根系生长和增殖显著增加 50 mg/dm³ 或 100 mg/dm³——根系生长和增殖均明显减少	Kalinowska et al.,2013
玉米	5 mg/dm³——地上部生物量显著增加 15%，叶面积增加 22% 50 mg/dm³——地上部生物量显著减少 32%	Hawrylak-Nowak et al., 2012
向日葵	5 mg/dm³——地上部生物量稍有降低，叶面积、光合色素未降低 50 mg/dm³——地上部生物量显著减少 27%	Hawrylak-Nowak et al., 2012
玉米	16 mg/dm³——作物产量显著增加 22% 128 265 mg/dm³——作物产量显著减少 38%	Antonkiewicz et al., 2016

注：Tanveer et al., 2019。

研究发现在微克／千克的范围内，锂可以刺激植物的生长（Aral and Vecchio-Sadus, 2008；Lenntech, 2007）。当植物生长在低锂浓度条件下（5~20 mg/dm³，即 5~20 mg/L），锂能够增加植株根部和冠部的生物量、增加下胚轴长度、增加根的长度、减少菠菜叶肉细胞中冷诱导的微管解聚等（Bartolo and Carter, 1992；Hawrylak-Nowak et al., 2012）。例如，当玉米在含有 5 mg/dm³ 的锂离子生长条件下，其地上部分生物量和叶面积增加（Hawrylak-Nowak et al., 2012）。在含有 2.5 mg/dm³ 的 LiOH 营养液中，生菜根部鲜重显著增加，表明低浓度的锂对生菜植物的生长也具有促进作用（Kalinowska et al., 2013）。

大多数研究表明，50~100 mmol/L 的锂对植物有剧毒。锂对植物的毒性表现在植株叶片坏死斑的发展和叶绿素含量的下降，引发类似萎黄的症状（Makus et al., 2006；Mulkey, 2005），如图 2-1 所示（Shahzad et al., 2016）。

不同植物物种和基因型对锂的耐受性具有显著差异，例如，锂在 70 种不同微生物中（包括 20 种细菌、18 种放线菌、18 种真菌和 14 种酵母）的积累研究发现，烟草节杆菌细菌菌株（1.0 mg/g 干重细胞）和短杆菌（0.7 mg/g 干重细胞）表现出高的锂积累能力（Tsuruta, 2005）。蔷薇科家族的植物对锂有较强的耐受性，蓟科和茄科的植物比其他的植物体内积累 3~6 倍的锂离子，柑橘属的植物、蘑菇对锂较敏感（Shacklette, 1978；Kabata-Pendias and Mukherjee, 2007）。研究发现柑橘对锂特别敏感，而棉花相对更耐受锂胁迫

A. 当生菜生长在含有 100 mg/L 的 Li⁺ 条件下，老叶叶片坏死斑的表型（Kalinowska et al., 2013）；

B. 向日葵在正常生长条件下和含有 50 mg/L 的 Li⁺ 条件下的叶片表型比较（Hawrylak-Nowak et al., 2012）

图 2-1　高锂浓度对不同植物的毒性表型（见书后彩图）

（Gough et al., 1979）。生菜能够耐受水培营养液中高达 20 mg/kg 的锂浓度且叶片中能够积累高于水培营养液中 10 倍的锂（Kalinowska et al., 2013）。玉米和荞麦分别能够耐受土壤中高达 118 mg/kg 和 47 mg/kg 的锂浓度，并且玉米叶片中也能够积累高于土壤中 10 倍的锂（Franzaring et al., 2016）。

令人惊讶的是，罗布麻是非常耐受锂胁迫的一种药用植物。罗布麻叶片组织内可以积累高达 1 800 mg/kg 的锂，并且在 400 mg/kg 的锂存在下依然能够存活。对大多数植物具有致死性的 50 mmol/L 剂量锂，竟然不影响罗布麻的种子萌发，对该植物几乎没有任何影响，推测该物种体内如此高的锂浓度可能赋予这种药用植物的一些已知的抗抑郁和抗焦虑作用（Jiang et al., 2014；Jiang et al., 2018）。反射光谱法（Reflectance spectra）是一种经济有效的非破坏性分析技术，通常用于检测和评估植物受到的各种胁迫，特别是金属离子的胁迫（Milton et al., 1989；Slonecker, 2012）。基于反射光谱技术分析了拟南芥、向日葵、甘蓝型油菜和玉米在 15 mmol/L 氯化锂胁迫条件下的选择植被指数（Vegetation indices, VI），例如相对水含量和叶绿素含量。结果表明，拟南芥在反射光谱中表现出最显著的影响和相应的偏移，4 个物种之间反射光谱的差异，说明不同物种对锂的吸收、耐受和响应机制可能存在差异（Martinez et al., 2018）。

研究人员分析了不同浓度的锂（0~50 mg/kg、20 mg/kg、40 mg/kg、60 mg/kg 和 80 mg/kg）对土壤中菠菜生长发育的影响，结果表明，土壤中较低的锂含量（20 mg/kg）可改善菠菜植株的生长，土壤中较高浓度的锂会干扰植物对 K^+ 和 Ca^{2+} 的吸收，引起菠菜叶中抗氧化酶活性的升高，且菠菜叶中积累了更高浓度的锂离子，因此，应避免在受锂影响的土壤中种植多叶蔬菜，以减少潜在的人类健康风险（Bakhat et al., 2019）。

研究人员对向日葵和玉米在含有不同浓度梯度锂（0~50 mg/dm³）的生长条件下，其生物量、叶面积、光合色素累积以及脂质过氧化水平进行比较研究，发现最高剂量的锂浓度生长条件下（50 mg/dm³），向日葵和玉米的地上部生物量都有明显的降低。对向日葵植物而言，在不同浓度梯度锂（0~50 mg/dm³）的生长条件下都不会显著影响向日葵植株中的叶绿素 a、叶绿素 b 和类胡萝卜素含量。然而，在玉米中，最高剂量的锂浓度生长条件下（50 mg/dm³），所有色素含量均显著下降。然而，对植株体内离子含量的分析表明，锂在向日葵和玉米地上部分显著积累并呈剂量依赖性，但两个物种之间存在差异。向日葵比玉米体内能够积累更多的锂离子，在 0 mg/dm³、5 mg/dm³、10 mg/dm³ 锂浓度生长条件下，向日葵和玉米地上部分钾离子含量保持不变，在 50 mg/dm³ 锂浓度生长条件下，向日葵植物的钾含量显著增加，但是增加的幅度没有锂离子含量大（Hawrylak-Nowak et al., 2012）。

早期研究发现，锂能够影响植物细胞气孔运动。当用锂处理燕麦（*Avena sativa*）幼苗后，气孔运动变慢，具体表现在幼苗的气孔需要更长的时间才能够打开，一旦气孔打开，随后的关闭运动就和锂离子没有太大关系，在气孔调节过程中，钾离子通过保卫细胞膜和水被动地跟随锂离子进行转运（Brogarh and Johnsson, 1974；Roelfsema and Hedrich, 2005）。植物的内生运动被称为环化，通常被认为是器官生长发育的必然结果（Stolarz et al., 2008）。在向日葵中，当外界锂浓度在 0.2~20 mmol/L 时，环化强度保持在恒定水平（0.12/h），随着锂浓度的增加，环化强度开始显著降低，当外界锂浓度在 80 mmol/L 时，向日葵的环化强度完全停止（Stolarz et al., 2015）。

研究发现，不同锂盐对不同植物的生理代谢存在差异。Kalinowska 等比较分析了生菜在分别含有 LiCl 和 LiOH 两种锂化学形式的营养液中，不同浓度的锂（浓度为 0 mg/dm³、2.5 mg/dm³、20 mg/dm³、50 mg/dm³ 或 100 mg/dm³）对生菜鲜重、产量的影响，结果表明，如果营养液中的锂浓度达到 20 mg/dm³，则根部环境中锂离子的存在会降低生菜可食部分的产量，在含有 LiOH 的营养液中这种差异较为显著；如果营养液中的锂浓度达到 50 mg/dm³，无论营养液中的锂离子来源于 LiCl 还是 LiOH，生菜冠部和根部的鲜重均显著降低。但是，施加的锂浓度和锂来源均不会影响生菜叶中 L- 抗坏血酸含量。另外，研究发现不论使用哪种形式的锂，锂主要在生菜根组织中积累。随着营养液中锂浓度的增加，锂从根部到冠部的转运效率也随之提高。例如，在含有 100 mg/dm³ 的 LiCl 营养液中，冠部锂含量高于根部，而在含有 100 mg/dm³ 的 LiOH 营养液中，根部和冠部的锂含量几乎相同（Kalinowska et al., 2013）。Jiang 等在 2018 年的研究中发现，在相同锂浓度条件下，罗布麻种子在 LiCl 溶液中的发芽率高于 Li₂CO₃ 溶液中的发芽率。在 25℃下，种子在 0~ 400 mmol/L LiCl 下发芽率是 4%~90%，在 0~150 mmol/L Li₂CO₃ 下发芽率是 3%~91%，低浓度的 LiCl（0~50 mmol/L）不会显著影响发芽率。锂盐显著影响罗布麻种子中 α- 淀粉酶的活性、丙二醛含量、可溶性糖和脯氨酸的含量，尤其是在发芽中期和后期，推测罗布麻可能在锂胁迫下使用非酶抗氧化剂来清除 ROS，进而耐受锂胁迫（Jiang et al., 2018）。当然，抗氧化剂的产生与胁迫严重程度并不总呈正相关性，它还取决于研究样品、取样时间和胁迫程度等多种因素（Tanveer and Shabala, 2018）。

锂胁迫通过改变植物碳同化作用，诱导氧化损伤以及对核酸的负面影响，从而显著影响了植物的生理和生化过程（Shahzad et al., 2016）。锂诱导的光合作用降低可能与叶绿素含量的降低，叶绿体精细结构的分解，色素蛋白复合物的不稳定性或代谢物的数量和组成的变化有关（Dubey, 1996；Kabata-Pendias and Mukherjee, 2007）。锂还可以通过诱导活性氧的产生对植物引起氧化胁迫。例如，在 50 mg/dm³ 锂的存在下，向日葵植物的叶片和玉米根部细胞膜的脂质过氧化水平显著增加，表明过量锂离子干扰了膜的完整性和抗氧化特性（Hawrylak-Nowak et al., 2012）。另一种可能的原因是锂通过减少卡尔文循环中 NADP⁺ 的再生或者通过在光合作用中诱导电子传输链的氧化损伤，从而限制或抑制碳固定（Shahzad et al., 2016）。而且，锂诱导活性氧（Active oxygen species, ROS）的产生，也可能会引起氧化酶醛和氧化不饱和脂肪酸的产生，因此，通过减少 ROS 的产生来增强植物对锂的耐受性是非常重要的途径之一

（Tanveer et al., 2019），但是植物在锂胁迫条件下如何清除体内 ROS 的分子生物学机制研究较少，这是将来植物耐锂研究的重要方向之一，通过植物耐锂机制的深入研究、富锂植物的鉴定和使用，将为修复锂污染土壤提供有效手段。

　　植物在锂胁迫条件下正面和负面的生理生化反应总结如图 2-2 所示（Shahzad et al., 2017）。即正面的影响包括对植物形态和植物生理两方面。植物形态方面包括增加植株的根长、增加植株地上部分的生物量和增加植物的抗病性。植物生理方面的影响包括气孔的调节和微管的去极化等。负面的影响包括对植物形态、生理和生化三个方面。植物形态方面包括叶片上坏死斑的形成、形成异常花粉并影响繁殖、叶面积和根长减少等。植物生理方面的影响包括降低水含量、减少侧芽优先性生长、改变昼夜节律和可溶性物质的吸收、减少环化强度并抑制酶活性、减少肌醇和叶绿素 II 的含量等。植物生化方面的影响包括高的脂类过氧化率和核酸结构的修饰等。

植物对锂胁迫的响应

锂胁迫下抑制植物的生长
形态学改变
●叶片上形成坏死斑；
●出现异常花粉并影响繁殖；
●植株叶面积、鲜重和干重减少；
●植株根长减少。
生理学改变
●降低水含量；
●减少侧芽优先性生长；
●改变昼夜节律和可溶性物质的吸收；
●减少环化强度并抑制酶活性；
●减少肌醇和叶绿素 II 的含量。
生化方面改变
●形成高的脂类过氧化率；
●DNA 和 RNA 结构的修饰。

锂胁迫下促进植物的生长
形态学特征
●增加植株的根长；
●增加植株地上部分的生物量；
●增加植物的抗病性。
生理学特征
●小叶的开闭；
●气孔调节；
●微管去极化。

图 2-2　植物在锂胁迫条件下的生理生化反应

第三章 植物对锂的吸收、转运及调控机制

第一节 研究概况

锂在环境中分布广泛，因此很容易被植物的根系吸收。锂在不同植物物种和基因型中的积累具有差异，这取决于土壤中的锂含量、植物吸收、转运和耐受锂的能力等多个因素。

目前植物对锂的吸收、转运及调控机制研究较少，通常认为植物对锂的吸收和转运有两种方式，一种是非特异性的吸收和转运，另一种是特异性的吸收和转运。

第二节 锂的非特异性吸收和转运

Li^+ 的非特异性吸收和转运有两种假设：一是利用非特异性的阳离子转运蛋白通过被动运输，依靠共质体途径吸收转运 Li^+；二是 Li^+ 通过部分或全部损坏的凯氏带和蒸腾拉力作用，依靠质外体途径进入木质部（图 3-1，Tanveer et al., 2019）。

通过质外体途径，即 Li^+ 通过细胞壁和细胞间隙等进入植物细胞，并且停止在凯氏带，然后通过共质体途径进入木质部。由于锂具有类似于钠、钾或钙的理化性质，因此推测也可能通过类似的共质体途径被吸收和转运（Shahzad et al., 2016）。推测 Li^+ 通过根细胞膜上的 HKT、LCT1 和 NSCC 转运体进入细胞质，然后通过钾转运体蛋白 HKT1 或者 HKT2 进入木质部，进而转运到叶中（图 3-1，Tanveer et al., 2019）。LCT1 是一个定位在细胞质膜、参与韧皮部运输的转运蛋白（Clemens et al., 2002）。小麦中的 LCT 蛋白可以转运多种阳

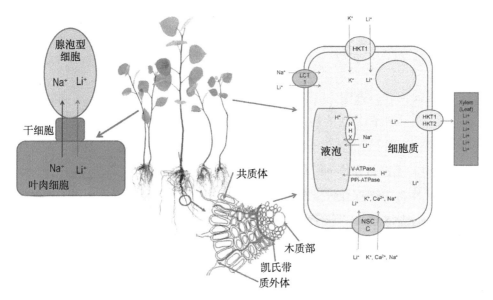

图 3-1　植物对锂的吸收、转运和区隔化推测模型（见书后彩图）

离子，例如 Na^+、K^+、Li^+ 或 Cd^{2+}，不同离子的转运情况具有差异（Amtmann et al., 2001；Antosiewicz and Hennig, 2004）。研究发现在酵母异源系统中转入 LCT1 蛋白，可以增加 Li^+ 的吸收，但是相关的生物学功能和调控机制还未深入研究。此外，在水稻中下调 LCT 蛋白的表达可以减少植株对 Cd^{2+} 的吸收 (Uraguchi et al., 2011)。

植物高亲和性钾离子转运蛋白 HKT 具有单价阳离子的转运特性，尽管在拟南芥中只有 1 个成员，但在水稻、小麦等其他物种中家族成员较多，一般包括 2 个亚家族。大量研究结果表明，该家族成员在转运 Na^+，参与盐胁迫过程中发挥了重要作用（王甜甜等，2018；Riedelsberger et al., 2019；Imran et al., 2020；Huang et al., 2020）。目前还没有锂胁迫对 HKT 家族成员基因表达、蛋白水平或相关分子生物学调控机制的研究。

非选择性阳离子通道（NSCCs）也可能在锂吸收中起重要作用。这些 NSCCs 由不同的离子通道组成，广泛存在于细胞质膜和液泡膜上，对不同的单价阳离子（例如 K^+、Na^+ 或 Li^+）表现出相似的渗透性，因此它们对植物必需离子和有毒阳离子的区别能力很低（Demidchik et al., 2002），可能非特异性的吸收、转运 Li^+。Li^+ 进入细胞质后，植物会将过多的 Li^+ 储存在液泡或者叶肉细胞上的囊泡中。这个过程可能由 NHX 或 H^+-ATPase 介导（Tanveer et al., 2019）。

第三节　锂的特异性吸收和转运

在耐盐实验研究中，Li^+ 常常被用作 Na^+ 的类似物，使用 Li^+ 的优势在于它可能和 Na^+ 拥有共同的转运系统和毒性靶蛋白，由于 Li^+ 的毒害性较 Na^+ 强，实验中使用 Li^+ 的浓度不会引起渗透胁迫（Serrano，1996）。然而，在某些情况下，Li^+ 不能被用作 Na^+ 的类似物。

2007 年，中国农业大学生物学院王学臣教授课题组发现拟南芥 CPA1 家族成员 AtNHX8 是一个位于细胞质膜的专一性的 Li^+/H^+ 反向转运器，特异性的转运 Li^+（An et al.，2007），这也是目前植物中唯一报道的一个专一性的 Li^+/H^+ 转运体蛋白。

CPA 家族是一类阳离子质子反向转运体蛋白家族，其成员众多，一般分成 NHX、CHX 和 KEA 转运体，研究发现该家族成员在维持钠钾平衡方面发挥重要功能（Ragel et al.，2019）。例如，拟南芥 *AtNHX1*，是一个定位在液泡膜上的 Na^+/H^+ 反向转运器（Apse et al.，2003；Qiu et al.，2004）；拟南芥 *AtNHX7*，即 *SOS1* 基因，是一个定位在细胞质膜上的 Na^+/H^+ 反向转运器（Shi et al.，2000）。

该课题组发现拟南芥 CPA1 家族成员 *AtNHX8* 的两个不同的 T-DNA 插入株系 *nhx8-1*、*nhx8-2*（即该基因的突变体植株）在含有 10 mmol/L LiCl 的 MS 培养基上生长时，和野生型对照相比，种子的萌发率受到了显著的抑制，在含有 15 mmol/L LiCl 的 MS 培养基上生长时，种子萌发率更低，而在含有 50 mmol/L 和 100 mmol/L NaCl 的 MS 培养基上生长时，种子萌发情况和野生型并没有差异（图 3-2a、b、c 和 d）。将 MS 培养基上生长 14 d 的幼苗（野生型和两个不同的 *atnhx8* T-DNA 插入突变体 *nhx8*-1 和 *nhx8*-2）转移至含有 15 mmol/L LiCl 的培养基上处理 6 d，测定整株幼苗的 K^+、Li^+ 含量，研究结果表明，和对照相比，两个突变体材料中 Li^+ 含量高，K^+ 含量低（图 3-2e）。AtNHX8-EGFP 融合蛋白的共聚焦荧光成像分析显示 AtNHX8 定位在拟南芥根细胞的细胞质膜上（An et al.，2007）。*atnhx8* 突变体在种子萌发和幼苗早期生长阶段对 LiCl 超级敏感，对其他的碱金属家族成员 Na^+、K^+、Cs^+ 没有响应。此外，在酵母突变菌株 AXT3 中，表达 AtNHX8 可以恢复酵母锂敏感表型（An et al.，2007）。

24

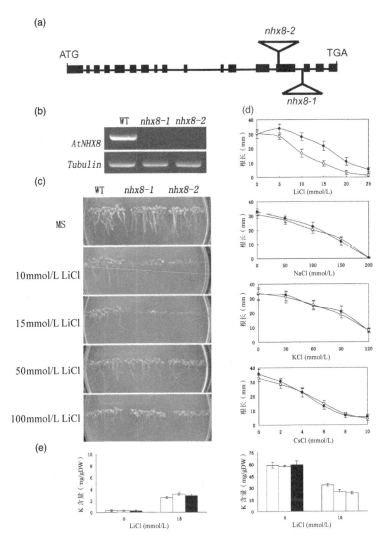

图 3-2 *AtNHX8* T-DNA 插入突变体的鉴定及锂敏感表型（An et al., 2007）（见书后彩图）

过表达 *AtNHX8* 的转基因植株对 LiCl 有很强的耐受性。将在正常 MS 培养基上生长的幼苗转移到含有 50 mmol/L LiCl 的 MS 培养基上生长时，三个过表达植株依然具有正常的生理状态，而在该浓度下的野生型植株几乎死亡（图 3-3a 和 b）。种子萌发实验也表明在含有 50 mmol/L LiCl 的 MS 培养基上三个过表达植株能够正常萌发且幼苗开始生长，而在含有 30 mmol/L LiCl 的 MS 培养基上，野生型植株就几乎完全不萌发（图 3-4 a~f）。

将 MS 培养基上生长 14 d 的幼苗（野生型和三个 *NHX8* 过表达株系）转

移至含有不同浓度 LiCl（10 mmol/L、20 mmol/L 和 30 mmol/L）的培养基上处理 6 d，测定整株幼苗的 K^+、Li^+ 含量，结果表明，和对照相比，三个 *NHX8* 过表达株系 Li^+ 含量低，而 K^+ 含量高。在含有 30 mmol/L LiCl 的 MS 培养基上生长时，和对照相比，过表达植株体内只积累了约为对照 50% 的锂离子（图 3-3c 和 d），由此可见，当植物遭受 LiCl 胁迫时，AtNHX8 可以将细胞内多余的 Li^+ 排出胞外，并且在 K^+ 吸收和维持体内离子平衡方面发挥着重要的作用（An et al., 2007）。

图 3-3 为 *AtNHX8* 过表达植株幼苗生长的耐锂表型及锂钾含量测定结果（An et al., 2007）。

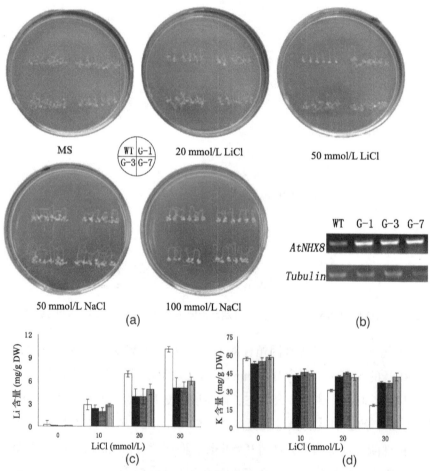

图 3-3　*AtNHX8* 过表达植株种子萌发的耐锂表型及萌发率比较结果（An et al., 2007）
（见书后彩图）

第四节　植物耐锂的可能调控机制

植物增强耐锂胁迫的一个潜在机制可能是将 Li^+ 限制在质外体中，避免 Li^+ 进入共质体。研究报道，在镍、铅、铜、锌胁迫下，植物细胞壁在耐受这些金属离子胁迫过程中都发挥了积极的正向作用（Krämer et al., 2000；He et al., 2002；Lin et al., 2005；Ting-Qiang et al., 2006）。在罗布麻耐受高锂胁迫的生物学机制研究中发现，在锂胁迫条件下，14.84%~29.02% 的锂位于其细胞壁中（Qiao et al., 2018）。细胞壁的化学组成，例如果胶酸、半纤维素、多糖和蛋白质能够充当金属的交换位点，通过固定金属离子从而限制它们进入细胞。当所有这些交换位点都饱和以后，植物就会利用液泡来储存有毒离子（Weng et al., 2012）。此外，细胞壁中的硅含量在限制重金属离子向共生体的运输过程中发挥着重要作用。在铝胁迫条件下，营养液中补充硅能够改善铝胁迫导致的玉米根损伤，对 1cm 根尖中的硅铝含量进行分析，结果表明，超过 85% 的根尖铝都结合在细胞壁中。铝胁迫极大增强了硅在细胞壁的积累，降低了质外体铝的迁移率。总之，研究发现硅处理导致根尖质外体中形成羟基铝硅酸盐，从而减轻铝胁迫对玉米的影响（Wang et al., 2004）。

液泡是植物细胞中重要的储存场所，里面含有不同的金属配体，例如可以结合重金属离子并降低其活性的有机酸、糖和蛋白质（Wang et al., 2015）。植物利用液泡隔离有毒离子是适应各种离子胁迫的有效机制之一（Shabala and Mackay, 2011）。锂进入细胞质后，植物会将过多的 Li^+ 储存在液泡或者叶肉细胞上的囊泡中。这个过程中涉及的信号分子及遗传调控网络研究非常少。推测 pH 值梯度可能是植物将过多的锂隔离在液泡当中的驱动力之一（Tanveer et al., 2019）。在锂胁迫条件下，富锂植物罗布麻会将 45.52%~72.65% 的锂储存在液泡中，这是其耐受高锂的分子机制之一（Qiao et al., 2018）。

在酵母中，Li^+ 的主要毒性靶蛋白是 Hal2 核苷酸酶，这个酶和硫的同化作用有关，Li^+ 的效应可以被外补加的蛋氨酸所抵消（Glaser et al., 1993；Murguía et al., 1995；Murguía et al., 1996）。在植物中，肌醇单磷酸酯酶、肌醇多磷酸盐 1- 磷脂酶和类似于 SR 的剪切蛋白被认为是 Li^+ 的靶蛋白（Forment et al., 2002；Gillaspy et al., 1995；Xiong et al., 2004）。Li^+ 还能诱导 1- 氨基

环丙烷 -1- 羧酸合成酶（即 ACC 合酶）活性升高（Boller, 1984；Liang et al., 1996），增加乙烯的产量（Naranjo et al., 2003），高浓度的乙烯可以抑制植物生长，促进植物衰老（Dangl et al., 2000）。

当植物面对各种非生物逆境和生物逆境时，体内过氧化氢（H_2O_2）含量增加。过氧化氢是一种有毒的细胞代谢产物，通常与其他活性氧（ROS）一起在叶绿体、线粒体、过氧化物酶体和质膜中产生，并通过酶促反应（过氧化氢酶、抗坏血酸过氧化物酶，谷胱甘肽过氧化物酶）和非酶促反应（抗坏血酸、谷胱甘肽、酚类化合物、类胡萝卜素）等机制分解（Allen, 1995；Apel and Hirt, 2004；Mittler et al., 2004）。过氧化氢增加会造成细胞的氧化破坏并诱导程序性细胞死亡（Allen, 1995；Laloi et al., 2004；Neill et al., 2002）。研究发现，拟南芥过氧化氢酶突变体 cat2-1 在正常生长条件下，和野生型相比，体型小、叶片失绿发黄、侧根数量减少，叶片过氧化氢酶活性只有野生型的约 20%，并且比野生型能够积累更多的 H_2O_2（Bueso, 2007）。该突变体改变了植物体内单价阳离子的稳态，对 H_2O_2、NaCl、去甲精胺、高光和冷胁迫非常敏感。但是令人惊讶的是，cat2-1 突变体在萌发条件下对 LiCl 却有很强的耐受性，尽管突变体内 Li^+ 含量高，K^+ 含量低，这说明 Li^+ 的积累并没有对 cat2-1 突变体造成离子毒害（Bueso, 2007）。实验进一步证明 cat2-1 突变体对乙烯不敏感，突变体中乙烯响应基因 PR4 和 EBP/ERF72 的表达量降低，芯片实验表明，cat2-1 突变体中阳离子转运体和乙烯信号感受和合成途径上的基因表达没有变化。乙烯不敏感的突变体 etr1-1 和 ein3-3 对锂也是耐受的，锂毒害的表型可以被乙烯生物合成抑制剂 2- 甲基丙氨酸（AIB）部分恢复，这些说明了氧化胁迫、离子平衡和乙烯之间的交叉关系（Bueso et al., 2007）。

第四章 植物钙感受器 CBL 及其互作蛋白 CIPK 的研究

第一节 植物细胞中的钙及钙信号

钙是生物体内重要的第二信使。作为植物生长发育所必需的大量元素，植物体内的总钙含量在 mmol/L 水平，但是 Ca^{2+} 在细胞中的浓度相对较低，不同细胞器中 Ca^{2+} 的分布、含量具有差异，通常在细胞质中 Ca^{2+} 维持在 0.1 μmol/L 左右（Bush, 1995；Sanders et al., 1999；Hepler, 2005）。在多种生物和非生物胁迫中均涉及 Ca^{2+} 浓度的变化。这些因子包括光、高温、低温、机械刺激、高盐、干旱、渗透胁迫、植物激素、真菌激发子和结瘤因子等（Sanders et al., 1999）。它们引起了不同时空模式下细胞内游离 Ca^{2+} 浓度的变化。例如，在单细胞水平上，Ca^{2+} 和气孔运动的密切关系。已知在拟南芥保卫细胞中，ABA（脱落酸）、过氧化氢、冷处理、外部高 Ca^{2+} 浓度以及大气中的 CO_2 均可以引起 Ca^{2+} 的震荡（Allen et al., 2001；Young et al., 2006）。在豆科植物的根毛细胞中，源于根瘤菌的结瘤因子诱导了细胞内 Ca^{2+} 浓度的两相变化，包括初期 Ca^{2+} 的大量涌入和 10~20 min 后长期的 Ca^{2+} 震荡，即钙峰的形成（Shaw and Long, 2003）。拟南芥根部的内皮和中柱鞘细胞中，盐胁迫导致了两阶段的 Ca^{2+} 响应，这种响应在不同的细胞类型中不同（Kiegle et al., 2000）。可见单细胞水平、多细胞水平、植物细胞自身的生长、外部刺激等均可以引起细胞内 Ca^{2+} 的震荡。

研究结果表明 Ca^{2+} 通过细胞膜上不同 Ca^{2+} 通道的激活和钝化而进出细胞，这一过程受到精确而复杂的调控以维持细胞内正常的生理生化代谢途径（McAinsh and Hetherington, 1998）。一个特定的细胞或者组织将钙信号传递下

去主要依赖 Ca^{2+} 的存在、浓度、细胞定位以及信号组分中钙感受器与钙离子的亲和程度（McAinsh and Hetherington, 1998）。

植物细胞中有多种结合 Ca^{2+} 的蛋白，它们被认为是钙的感受器蛋白（Luan et al., 2002；Batistič and Kudla, 2004；McCormack et al., 2005）。钙感受器从概念上可以分成感受传递（Sensor relays）和感受响应（Sensor responders）两类（Sanders et al., 2002）。前者包括钙调素 CaM、类钙调素蛋白和类钙调神经素 B 亚基蛋白 CBL。它们是没有酶活性，缺乏效应结构域的蛋白，但是具有结合 Ca^{2+} 的能力，通常经历钙诱导后蛋白构象改变，和靶蛋白结合后发挥具体的生理功能（Luan et al., 2002；Sanders et al., 2002）；后者包括钙依赖性蛋白激酶（Calcium dependent protein kinases，CPK），CPK 相关蛋白激酶（CRK）等。

CPK 是一个丝氨酸 / 苏氨酸蛋白激酶家族，在其羧基端包含一个钙结合位点（EF 手性区）。Ca^{2+} 与 EF 手性区结合会刺激构象变化，从而使激酶发生自磷酸化（Hashimoto and Kudla, 2011；Schulz et al., 2013）。拟南芥基因组中有 34 个 CPK 成员，其中超过一半已得到功能鉴定，它们大多参与植物生长调控和非生物胁迫反应（Kudla et al., 2010；Boudsocq and Sheen, 2013；Shi et al., 2018）。拟南芥基因组中有 8 个 CRK 成员，其中 *AtCRK5* 在涉及极性植物生长素转运的根向重力反应的调节中起直接作用（Rigó et al., 2013）。*AtCRK1* 在连续照明条件下维持细胞稳态具有非常重要的作用，*atcrk*1-1 突变体在连续光照下具有严重的生长缺陷，这种半矮表型伴随着突变体材料中叶绿素含量的降低、光合作用的紊乱、单线态氧的积累以及光合作用组织中细胞死亡的增加（Baba et al., 2018）。

第二节　CBL 和 CIPK 的结构

植物中的 CBL 蛋白和动物中的钙调神经素调控 B 亚基（CNB）及神经元钙感受器蛋白具有很高的相似性（Kudla et al., 1999）。所有的 CBL 蛋白都有一个保守的核心区域，由 4 个结合钙离子的 EF 手性区组成。每个 EF 手性区由 12 个氨基酸组成环，其两侧是两个 α 螺旋，4 个 EF 手性区之间的距离是恒定的。每个 Ca^{2+} 通过环状结构结合到 EF 上。不同的 CBL 蛋白氨基端和羧基端的长度可以改变（Kolukisaoglu et al., 2004）。

CIPK 是一类丝氨酸 / 苏氨酸蛋白激酶。其氨基端含有保守的激酶结构域，和酵母中的蔗糖非发酵型蛋白（SNF1）、哺乳动物中依赖于 cAMP 的激酶具有高度的相似性（Shi et al., 1999），因此被称为类 SNF 激酶蛋白中的 SnRK3 亚家族（Hrabak et al., 2003）。CIPK 蛋白羧基端调控区域存在一个和蛋白磷脂酶互作的 PPI 区和一个含有 24 个氨基酸的保守结构，该结构对 CBL-CIPK 之间的蛋白互作是必需的（Albrecht et al., 2001）。由于功能上的重要性和结构上具有保守的天冬酰胺—丙氨酸—苯丙氨酸，该结构被称为 NAF 结构域（Kolukisaoglu et al., 2004）。研究发现，CBL 和 CIPK 蛋白的 NAF 区结合后，解除了 CIPK 羧基端的自我抑制区，从而表现出激酶活性（Guo et al., 2001；Gong et al., 2002）。此外，一些具有激酶活性的蛋白可以通过磷酸化 CIPK 蛋白氨基端的激活环而激活 CIPK 蛋白活性（Gong et al., 2002）。

基因在染色体上的分布有助于解析它们的进化过程，从而帮助我们理解它们发挥的生物学功能和存在意义。大多数 *CBL* 基因集中分布在第四条和第五条染色体上，第二条和第三条染色体上没有分布，*AtCBL8* 是唯一分布在第一条染色体上的基因。*AtCIPK* 家族 26 个基因在五条染色体上都有分布。CBL 和 CIPK 基因数量的比率从小果蝇中的 5：7 发展到拟南芥中的 10：26，推测逆转录、串联重复和全基因组复制事件促进了这个过程（Zhang et al., 2020）。

通过分析所有 *CBL* 和 *CIPK* 成员的基因组序列，研究发现由于两次独立的复制事件导致 *CBL* 家族基因在第四、第五染色体上具有不同的部分，形成了 *AtCBL1/AtCBL9*、*AtCBL2/AtCDL3* 基因对（Kolukisaoglu et al., 2004；Zhang et al., 2020）。这两个基因对的蛋白同源性分别在 89% 和 92%。由于一个独立复制事件影响了第四、第五染色体，导致了一个 *CBL* 基因拷贝的丢失，推测 *AtCBL8* 基因的祖先参与这个进化过程。此外，局部连续重复事件导致了 *AtCBL3/AtCBL7* 基因对的形成，该基因对的蛋白同源性在 60%（Kolukisaoglu et al., 2004）。

相比之下，*CIPKs* 基因则发生了 8 次基因复制事件，其中 6 次复制事件导致了 *AtCIPK1/AtCIPK17*、*AtCIPK2/AtCIPK10*、*AtCIPK4/AtCIPK7*、*AtCIPK5/AtCIPK25*、*AtCIPK12/AtCIPK19* 和 *AtCIPK13/AtCIPK18* 基因对的形成，它们之间的同源性也较高。另外，有两个复制位点在拟南芥基因组进化中串联复制，导致了 *AtCIPK14/AtCIPK15*、*AtCIPK19/AtCIPK20* 两个基因对的形成，

然而它们之间的同源性却较低（Kolukisaoglu et al., 2004）。以上研究分析发现2 个 *CBL* 基因和 4 个 *CIPK* 基因在染色体上的定位紧邻，4 个 *CBL* 基因和 12 个 *CIPK* 基因在染色体上为部分复制位点。这种进化机制为理解 CBL/CIPK 家族成员之间的功能多样性和冗余性提供依据（Kolukisaoglu et al., 2004）。CBL 和 CIPK 之间高度特异性的相互作用以及基因表达模式的差异性共同维持了相互作用的 CBL 和 CIPK 蛋白之间的平衡剂量（Zhang et al., 2020）。

已知动物和酵母中的钙感受器都会被 14 碳饱和脂肪酸豆蔻所修饰。共价键的豆蔻通过酰胺键连接到甘氨酸氨基末端序列 MGXXXS/T 上，该过程被 *N-* 豆蔻转移酶催化。研究发现 *N-* 豆蔻酰化促进了蛋白之间和蛋白与膜的互作（Resh, 1999）。拟南芥和水稻中，CBL 家族蛋白分别有 4 个（AtCBL1、AtCBL4、AtCBL5、AtCBL9）和 5 个 CBL（OsCBL1、OsCBL4、OsCBL5、OsCBL7、OsCBL8）蛋白含有保守的豆蔻酰化位点。疏水性的豆蔻酰化多肽通常不能完全将蛋白锚定在膜上，通常还需要对其邻近的半胱氨酸残基进行棕榈酰化的修饰（Resh, 1999）。已经研究发现的 4 个豆蔻酰化 AtCBL 蛋白和 5 个豆蔻酰化 OsCBL 蛋白中均存在棕榈酰化修饰着的半胱氨酸残基，这说明豆蔻酰化和棕榈酰化对于 CBL 的膜定位具有重要的作用。具有豆蔻酰化和棕榈酰化的 CBL 蛋白，可能通过和 CIPK 蛋白互作，将后者锚定到膜上，通过磷酸化或者其他作用调控一些可能定位在膜上或者细胞质内的靶蛋白。

第三节　CBL 和 CIPK 的亚细胞定位

Jörg Kudla 实验室用瞬时转化烟草原生质体的方法观察了拟南芥中 10 个 *CBL* 基因和 *AtCIPK1*、*AtCIPK2*、*AtCIPK3*、*AtCIPK4*、*AtCIPK7*、*AtCIPK8*、*AtCIPK10*、*AtCIPK14*、*AtCIPK17*、*AtCIPK21*、*AtCIPK23*、*AtCIPK24* 共 12 个基因的亚细胞定位，见图 4-1。

CBL 亚细胞定位可以分成三类：定位在细胞质膜上的 2 个 *CBL* 基因，分别是 *AtCBL1*、*AtCBL9*；定位在细胞质和细胞核的 4 个 *CBL* 基因，分别是 *AtCBL4*、*AtCBL5*、*AtCBL7*、*AtCBL8*；与 TPC1 共定位在液泡膜上的 4 个 *CBL* 基因，分别是 *AtCBL2*、*AtCBL3*、*AtCBL6*、*AtCBL10*，如图 4-1 中叠加的黄光所示（Xu J et al., 2006；Batistič et al., 2010）。

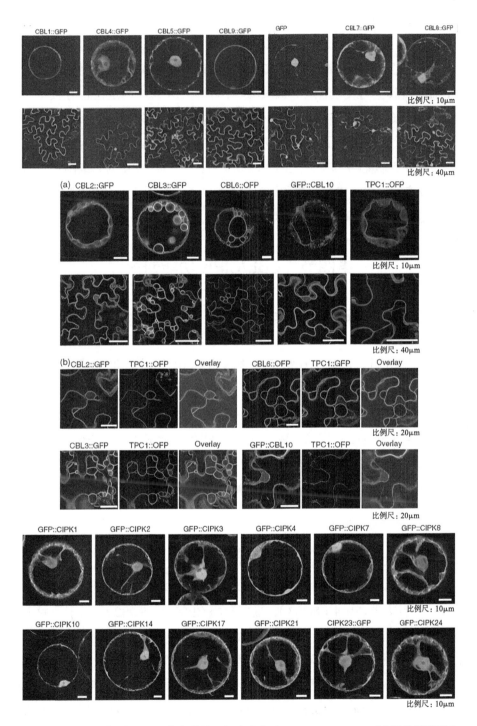

图 4-1　*CBL* 和部分 CIPK 家族成员亚细胞定位（Batistič et al.,2010）（见书后彩图）

AtCBL4 有报道也可以定位在细胞质膜上。关于 *AtCBL10* 的定位还有另外一种不同的观点，通过将 *AtCBL10* 瞬时转化洋葱表皮细胞看到 *AtCBL10* 位在细胞质膜上，将 *AtCBL10* 和 *AtCIPK24* 瞬时共转化拟南芥原生质体看到它们在细胞质膜上行使功能（Quan et al., 2007）。*AtCBL3* 的定位也有报道，将 *AtCBL3* 瞬时转化洋葱表皮细胞，可以看到除细胞核以外的区域都有荧光（Oh et al., 2008）。可见不同的植物表达系统，GFP 融合蛋白位于基因的前面或者后面对其亚细胞定位都有一定的影响。观察的 12 个 CIPK 的亚细胞定位非常类似，没有特异性，在细胞质和细胞核中都能够观察到荧光，在细胞质膜和其他的细胞内膜系统上也不排除有定位的可能（Batistič et al., 2010）。

第四节　CBL/CIPK 功能研究

CBL 蛋白和它互作的蛋白激酶 CIPK 最初是从拟南芥中鉴定得到（Kudla et al., 1999；Shi et al., 1999），目前已在多个物种中对这两个基因家族进行了生物信息学分析。例如，在拟南芥中鉴定到 10 个 CBL 和 26 个 *CIPK* 基因（Kolukisaoglu et al., 2004），在水稻中鉴定到 10 个 CBL 和至少 30 个 *CIPK* 基因（Weinl and Kudla, 2009），在茶树中鉴定到 8 个 CBL 和 25 个 *CIPK* 基因，分别分为 4 个和 5 个亚家族（Wang et al., 2020）。研究发现，CBL/CIPK 家族成员在植物生长发育和响应逆境过程中，特别是维持离子平衡方面发挥重要功能（图 4-2，From Saito and Uozumi, 2020）。

一、参与盐胁迫

CBL/CIPK 功能的研究最初开始于 *sos* 系列突变体的发现。已知拟南芥的 SOS 信号途径在盐离子平衡调节中起着非常重要的作用。该途径包括 3 个成员：钙感受器 CBL4（SOS3）、蛋白激酶 CIPK24（SOS2）、位于质膜上的 Na^+/H^+ 反向转运体 NHX7（SOS1）。在盐胁迫下，SOS1 表达量受到诱导上升，*sos1* 突变体对高盐非常敏感，体内积累了大量的钠离子，过表达该基因的转基因植株表现出抗盐性，可以将胞内多余的钠离子排出胞外（Shi et al., 2003；Qiu et al., 2004；Yang et al., 2009）。*sos2* 和 *sos3* 突变体在高盐下表现出类似的敏感表型（Sanchez-Barrena et al., 2005；Mahajan et al., 2008）。体外

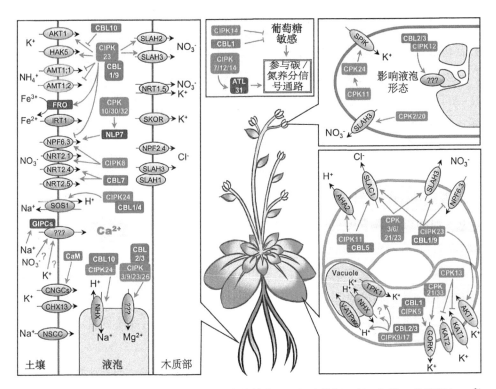

图 4-2 拟南芥 CBL/CIPK 在 C/N 养分响应中的作用及拟南芥根、保卫细胞、花粉管中 Ca²⁺ 依赖性磷酸化系统对离子通道 / 转运蛋白的调节示意（Saito and Uozumi, 2020）（见书后彩图）

和体内实验均表明 SOS2 可以和 SOS3 蛋白直接互作。研究还发现，在 SOS2 羧基端有 1 个 FISL 结构域，由 21 个氨基酸组成，含有自我抑制序列，该区域对 SOS2 和 SOS3 的互作是必需的（Guo et al., 2001）。SOS3 上的豆蔻酰化位点使得 SOS3-SOS2 复合体可以锚定到细胞质膜上，缺少豆蔻酰化修饰后，SOS3 不能感受盐胁迫信号（Ishitani et al., 2000）。

CBL 家族另一成员 CBL10 也可以通过 SOS2（CIPK24）参与盐胁迫过程（Quan et al., 2007），这进一步丰富了 CBL/CIPK 家族响应高盐的调控机制。在盐胁迫下，植物细胞一个重要的调控机制是保持细胞内离子的稳态。为了防止细胞内钠离子的积累，植物会减少钠离子进入细胞，同时激活钠离子外排机制或者将多余的钠离子储存在液泡里（Bertorello and Zhu, 2009）。

进一步对和 SOS2 氨基酸序列同源性较高的其他 7 个 *CIPK* 基因在高盐下的表达进行了分析，结果发现，其中 4 个基因表达量诱导升高，2 个基因表达量诱导降低，1个基因的表达不受影响（Guo et al., 2001）。与 SOS2-SOS3 蛋白互作程度相比，这些 CIPK 蛋白和 SOS3 之间的互作较弱（Guo et al., 2001）。研究发现 SOS2 的其他靶蛋白还包括液泡膜上的 Na^+/H^+ 反向转运体 NHX1 和 H^+-ATPases（Silva and Gerós, 2009）。SOS2 也可以和 PP2C 蛋白 ABI2 在酵母系统中物理互作。该互作区域 PPI 在 CIPK 家族成员中较保守，含有 37 个氨基酸，突变该结构域的一系列实验结果表明该区域对 SOS2 和 ABI2 的互作是必要的（Ohta et al., 2003）。SOS2 和 CBL10 蛋白互作形成的复合体可以调控液泡膜上 Na^+ 转运体活性（Kim et al., 2007）。同时也发现，SOS2 不能磷酸化 CBL4 但却可以磷酸化 CBL10，从而将该复合物稳定在细胞质膜上，因此推测 SOS1 也是 SOS2/CBL10 复合体的靶蛋白（Lin et al., 2009）。基因表达结果显示 SOS3 主要在根中表达，调控根中植物细胞对高盐的响应，而 CBL10 主要在冠部表达，调控冠部植物细胞对高盐的响应（Quan et al., 2007；Bertorello and Zhu, 2009；Lin et al., 2009），说明不同的植物组织对高盐具有不同的调控机制。

已知响应盐胁迫的 SOS 途径在其他植物中也较保守。如玉米中 SOS3 的同源蛋白 ZmCBL4，可以互补拟南芥 sos3 突变体的盐敏感表型（Wang et al., 2007）。玉米中 SOS2 的同源蛋白 ZmCIPK16，在拟南芥中过量表达后对盐胁迫有耐受性（Zhao et al., 2009）。

在 CBL 家族中，除 CBL4 和 CBL10 外，CBL1、CBL5、CBL9 也参与高盐胁迫响应。分别过表达 CBL1、CBL5、CBL9 的拟南芥植株对高盐胁迫表现出耐受性（Cheong et al., 2003；Cheong et al., 2010；Pandey et al., 2004）。基因表达分析显示 AtCBL5 在植物根中几乎不表达，在花中表达较高（Cheong et al., 2010）。AtCBL1 和 AtCBL9 在植株的各组织都有表达。高盐诱导表达分析显示 AtCBL1 和 AtCBL9 受高盐诱导，AtCBL5 则反之（Cheong et al., 2003；Pandey et al., 2004）。根据这些基因的组织部位表达模式及受高盐胁迫后基因表达的差异，推测它们可能对盐胁迫具有不同的调控机制。

过表达 OsCBL3 和 OsCBL8 的转基因水稻幼苗提高了植株的耐盐性（Jiang et al., 2020）。野生花生 AdCIPK5 基因和拟南芥 AtCIPK5 基因同源性较高，该基因受到水杨酸、脱落酸、乙烯、盐、PEG 和山梨糖醇的诱导表达变化，在番茄中过表达 AdCIPK5 后，增强了植株对盐胁迫的抗性，这和过表达

AdCIPK5 的番茄植株含有更高的叶绿素含量、过氧化氢酶活性和 K^+/Na^+ 比，较低的过氧化氢和丙二醛含量有关（Singh et al., 2020）。

二、参与营养胁迫

土壤中营养元素的缺乏成为制约植物生长和发育的重要因素之一。N、P、K 都是植物生长必需的大量元素，它们在土壤中的有效含量很低，同时受土壤类型、pH 值、温度和降水量的影响。对于固着在土中生长的植物而言，长期的适应过程使它们在形态、分子、生化水平上进化出了一套能最大限度利用营养元素的机制（Poirier and Bucher, 2002）。过去的 20 年，大量科学研究证实 CBL-CIPK 复合体在调控细胞膜或液泡膜上的通道和转运体方面具有非常重要的作用（Tang et al., 2020a）。

植物在低钾胁迫时引起的 Ca^{2+} 信号变化能够被钙感受器 CBL 蛋白感受和传导，在 Ca^{2+} 存在的条件下，CBL 蛋白和 CIPK 蛋白激酶互作形成复合体，进而通过 CIPK 磷酸化或其他方式调控下游靶蛋白，参与低钾信号途径。例如，拟南芥 CBL1/CBL9 与 CIPK23 互作后磷酸化 Shaker 型 K^+ 通道 AKT1，最终增强 AKT1 介导的 K^+ 吸收（Xu et al., 2006），这一调控机制在水稻中也得到了验证（Li et al., 2014）。

CIPK23 只能较专一的和 AKT1 蛋白互作，不能和其他的钾通道或转运体互作（Hedrich and Kudla, 2006；Lee et al., 2007；Geiger et al., 2009），但是 AKT1 却可以和 CIPK 家族另外两个成员 CIPK6、CIPK16 在酵母系统中物理互作，而且 CIPK6、CIPK16 均可以和 CBL1、CBL2、CBL3 和 CBL9 在酵母中互作。电生理实验证明 CIPK6、CIPK16 与这 4 个 *CBL* 基因组成的各种组合分别注射爪蟾卵母细胞，均能不同程度地记录到钾电流（Lee et al., 2007）。

此外，CBL10 可以不依赖 CIPK 蛋白激酶，直接和 AKT1 通道互作，作为负调控因子抑制 AKT1 介导的 K^+ 吸收（Ren et al., 2013）。除 AtCBL1 外，其他 3 个 CBLs（AtCBL8/9/10）都能够结合 AtCIPK23 并激活 AtHAK5 以恢复钾缺陷型酵母的生长（Behera et al., 2017）。CBL3-CIPK9 复合体作为负调控因子能够调控 K^+ 从液泡向胞质的运输（Liu et al., 2013）。CBL4-CIPK6 复合体可以通过与 Shaker 型 K^+ 通道 AKT2 蛋白互作，将 AKT2 蛋白由内质网招募到细胞质膜，进而促进 AKT2 介导的 K^+ 电流，此过程并不依赖于激酶对 AKT2 的磷酸化作用（Held et al., 2011）。最新研究发现 CBL2、CBL3 可以和 4 个 CIPKs，即 CIPK3、CIPK9、CIPK23 和 CIPK26 相互作用，以依赖于 Ca^{2+} 的方式，通过激活液泡 K^+ 通道 TPK 将 K^+ 外排到细胞质中，从而调控植物在低钾条件下体内钾稳态（Tang et al., 2020b）。

另外，研究发现拟南芥 CIPK23 和 CBL1 复合体是 K^+、NO_3^- 和 NH_4^+ 稳态的主要调节因子。在根细胞中，这 3 种离子最主要的通道或者转运体蛋白分别是双亲和的 K^+ 通道 AtAKT1，双亲和的 NO_3^- 转运体 AtNRT1.1 和高亲和的 NH_4^+ 转运体 AtAMT1。当外界这 3 种离子充足的条件下，CIPK23 由于与 PP2C 家族的蛋白质磷酸酶相互作用而处于细胞质中且无活性（Chérel et al., 2014），AtNRT1.1 以二聚体的形式作为一个低亲和 NO_3^- 转运蛋白发挥功能，而 AtAMT1 以三聚体形式处于活性状态，未磷酸化的 AtAKT1 则处于较低活性状态，而 AtHAK5 将被转录抑制；当外界这 3 种离子中的任何一种缺乏时，AtCIPK23 将被 AtCBL1 或 AtCBL9 募集至质膜，从而使 CIPK23 蛋白激酶磷酸化多个靶蛋白，磷酸化的 AtAMT1 三聚体处于失活状态，磷酸化的 AtNRT1.1 作为高亲和 NO_3^- 转运体增强 NO_3^- 的转运，而磷酸化的 AtAKT1 将增强 K^+ 的流入；如果 K^+ 浓度足够低，*AtHAK5* 将会被转录，AtHAK5 蛋白会被 CIPK23/CBL1、9 复合物激活（Ragel et al., 2019）。

三、ABA 途径

ABA 在植物逆境胁迫中发挥着重要的作用，许多受高盐、渗透、干旱诱导变化的基因受 ABA 诱导表达变化。研究发现拟南芥 CBL/CIPK 响应非生物逆境中，既有依赖于 ABA 途径的，又有不依赖于 ABA 途径的。例如，除 *AtCBL1* 和 *AtCBL9* 外的其他拟南芥 *CBLs* 成员虽然不响应 ABA 途径却参与其他非生物胁迫，如 *AtCBL4* 和 *AtCBL10* 响应高盐胁迫。*AtCIPK3* 受冷、高盐、伤害、干旱诱导表达升高。该基因在种子萌发阶段响应 ABA（Kim et al., 2003）。AtCBL9 可以和 AtCIPK3 蛋白互作。在种子萌发阶段，*atcbl9cipk3* 双突变体、*atcbl9*、*atcipk3* 单突变体均表现出对 ABA 敏感的表型（Pandey et al., 2008）。*AtCBL1* 也受 ABA 诱导表达升高，AtCBL1 能够和 AtCIPK15（PKS3）物理互作。拟南芥 *atcbl1* 和 *atcipk15* 突变体在种子萌发、幼苗生长及气孔运动方面对 ABA 均较为敏感。CIPK15 还可以和蛋白磷脂酶 2C 型 ABI2（ABA

不敏感突变体 2）互作，但和 ABI2 同源蛋白 ABI1（ABA 不敏感突变体 1）互作较弱（Guo et al., 2002）。

四、其他功能

除了响应高盐、营养胁迫、参与 ABA 途径外，CBL/CIPK 家族成员在糖信号、光、冷、pH 值、过氧化氢及病原信号中均有功能报道，说明该复合体蛋白调控了一系列非生物逆境过程。如 *CIPK14*（*AtSR2*）受到蔗糖、葡萄糖和果糖的诱导表达，可能参与糖信号途径（Chikano et al., 2001）。*CIPK7*（*AtSR1*）受光和细胞分裂素的诱导表达升高，在细胞分裂素拮抗剂存在下，受光诱导表达降低（Chikano et al., 2001）。该蛋白可以与 CBL2 蛋白互作，*CBL2* 也受光诱导表达，它们可能共同参与了光信号途径（Nozawa et al., 2001）。在冷处理下，*CIPK7* 和其互作蛋白 *CBL1* 基因在转录和蛋白水平的表达都受到诱导升高。*atcbl1* 突变体对冷胁迫敏感，在该突变体中，*CIPK7* 基因转录和蛋白水平均明显升高，说明 CIPK7 和 CBL1 可能共同响应冷胁迫（Huang et al., 2011）。AtCIPK11（PKS5）和 AtCBL2（SCaBP1）在酵母系统中互作，*atcipk11* 突变体对高 pH 有较强的耐受性，实验证明 CIPK11 可以磷酸化细胞质膜 H^+-ATPase AHA2，导致了 AHA2 氢离子转运体活性下降，负调控该蛋白活性（Fuglsang et al., 2007）。此外，SOS2（CIPK24）可以和核苷二磷酸激酶（NDPK2）、过氧化氢酶 CAT2 及 CAT3 互作，说明 *CIPK* 基因可能参与氧化胁迫信号过程（Verslues et al., 2007）。棉花 GhCBL2 可以和 GhCIPK6 互作，通过激活液泡膜定位的蔗糖转运体 TST2，进而调控植物的糖代谢，特别是葡萄糖的代谢（Deng et al., 2020）。

OsCIPK15 在缺氧耐受和水涝胁迫下的生长发挥重要的作用（Lee et al., 2009）。CIPK15 调控植物能量和胁迫感受器 SnRK1A，因此将缺氧和糖信号联系到一起，使得水稻在水涝下能够生长。水稻 *OsCIPK14* 和 *OsCIPK15* 蛋白激酶能够被绿色木霉菌 / 乙烯诱导木聚糖（TvX/EIX）快速诱导表达，OsCIPK14 和 OsCIPK15 尽管定位在不同的染色体上，但是 95% 以上的核苷酸序列是一致的，包括它们周围的基因组序列，说明它们是重复基因。OsCIPK14/15 在酵母系统中可以和一些 OsCBLs 通过 FISL/NAF 区互作，其中和 OsCBL4 互作最强。OsCIPK14/15 表现出 Mn^{2+} 依赖的蛋白激酶活性，当删除 FISL/NAF 区或者和 OsCBL4 结合后，激酶活性得到增强，*OsCIPK14/15* 的 RNAi 转基因株系对 TvX/EIX 敏感性降低，包括过敏性细胞死亡，线粒体功能障碍，植保素的合成，和病程相关基因的表达等一系列防御反应。相反，在 *OsCIPK15* 过表达株系中，TvX/EIX 诱导的细胞死亡得以增强，说明在水稻培养细胞中，*OsCIPK14/15* 在微生物诱导的防御信号转导通路中具有重要的功能（Kurusu., 2010）。

此外，CBL/CIPK 还参与其他金属阳离子，如 Mg^{2+}、Fe^{3+}、Zn^{2+}、Mn^{2+} 和一些阴离子通道的调控。例如，*atcipk23* 突变体植株在缺铁条件下超级敏感，与野生型相比，*atcipk23* 突变体的幼叶黄化作用增强，铁含量降低；进一步研究发现，缺铁条件会引起拟南芥根中 Ca^{2+} 的增加，这会诱导 CBL1/9 和 CIPK23 互作，通过增强铁螯合还原酶（FRO）的活性，调控植株对铁的吸收（Tian et al., 2016）。此外，*atcipk23* 突变体植株中 Zn^{2+} 和 Mn^{2+} 的含量也出现不同程度的降低，预示了 *CIPK23* 可能作为植物中非常重要的营养中枢系统，参与调控多个营养信号转导途径（Tian et al., 2016）。

第五节　CBL/CIPK 信号网络

综上所述，CBL/CIPK 基因家族响应一系列的非生物逆境过程。CBL 和 CIPK 之间的相互作用构成了一个信号传递网络，该信号传递网络能够响应各种细胞外信号（例如营养缺乏和非生物胁迫）而实现信息整合和生理协调。不同的信号途径之间既有交叉，又各自独立，处在一个复杂的调控网络中。一般认为，CBL 和 CIPK 蛋白通过形成复合体调控下游靶蛋白行使功能。

植物在其生长环境中会遇到不同的离子胁迫，例如土壤缺钾或土壤盐碱化程度高等，这些胁迫条件都会引起植物细胞内 Ca^{2+} 浓度的升高，这被解释为"信号"。植物细胞可以感知到不同的 Ca^{2+} 信号，并且由不同的 CBL-CIPK 复合物解码，通过亚细胞定位到细胞膜或者液泡膜上。在细胞质膜上，多种膜运输过程受 CBL-CIPK 网络调控，如图 4-3 所示。例如 CBL1/9-CIPK23 复合物通过磷酸化作用来激活 K^+ 通道 AKT1 和 K^+ 转运蛋白 HAK5，以此增强植物根系对 K^+ 的吸收。CBL4/SOS3-CIPK24/SOS2 复合物磷酸化 Na^+/H^+ 反向转运体 SOS1 将过量的 Na^+ 排出细胞外。CBL9-CIPK23 复合物磷酸化硝酸盐转运蛋白 CHL1，影响了 CHL1 的转运活性和感受 NO_3^- 的能力。在高 NH_4^+ 的条件下，CBL1-CIPK23 抑制 NH_4^+ 的转运蛋白 AMT1 型活性，避免 NH_4^+ 的过度积累（Straub et al., 2017）。

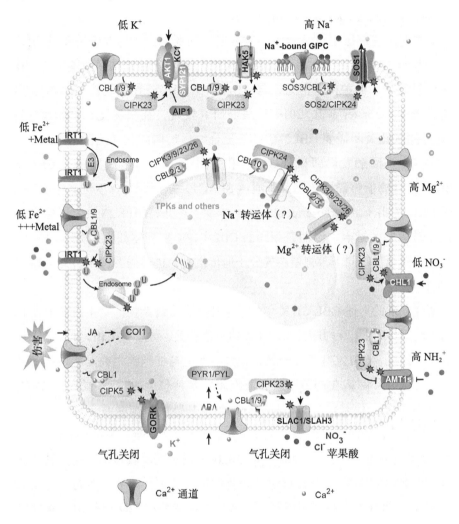

图 4-3 CBL-CIPK 信号网络对植物细胞中膜运输过程的调节（见书后彩图）

在 Fe^{2+} 含量低但其他重金属含量过高的条件下，由 CIPK23 介导亚铁（Fe^{2+}）转运蛋白 IRT1 的磷酸化作用对于随后 IRT1 的泛素化和降解是必需的（Dubeaux et al., 2018）。研究发现 IRT1 除了转运铁外，还运输锌、锰、钴和镉，而铁、锌、锰、钴和镉的浓度通常在缺铁的土壤中占主导地位。此外，

IRT1 能够以受体的角色直接感知细胞质中过量的非铁金属底物，从而调节其自身的降解（Dubeaux et al., 2018）。因此 CIPK23 促进的 IRT1 降解可能会阻止植物高度积累土壤中的活性金属并优化铁的吸收，从而保护植物免受高活性金属的侵害（Dubeaux et al., 2018）。

植物的保卫细胞通过整合各种激素信号和环境因子以此来平衡植物的气体交换和蒸腾作用。伤口相关激素茉莉酸（JA）和干旱激素脱落酸（ABA）均能够引起气孔的关闭。但是，与 ABA 相比，JA 诱导的气孔关闭的分子机制研究较少（Förster et al., 2019）。最新研究发现，在植物受到创伤反应时，JA 诱导的气孔关闭需要 CBL1-CIPK5 复合物通过磷酸化作用激活外向 K^+ 通道 GORK，从而触发局部和全身性气孔关闭（Förster et al., 2019）。CBL1/9-CIPK23 复合物能够磷酸化阴离子通道 SLAC1，从而调节保卫细胞中 K^+ 和阴离子 Cl^- 的流出（Maierhofer et al., 2014）。综上可知，CIPK23 成为了植物中多个离子转运的关键点，然而，相同的 CBL-CIPK 复合体如何区分不同的刺激信号，从而调节不同下游靶蛋白的分子遗传机制，仍然需要深入研究（Tang et al., 2020）。

研究发现的上述 CBL/CIPK 信号转导通路，最终调控的靶蛋白都和膜上的通道、转运体有关。一方面这和 CBL 的定位有关，大多数 CBL 蛋白定位于细胞膜上，因此，CBL-CIPK 复合物在很大程度上与细胞膜相关。这种独特的功能是 CBL-CIPK 网络在调节质膜和液泡膜中各种膜运输过程的核心功能的基础，从而将 Ca^{2+} 信号传导与植物养分的感应和体内平衡联系起来。另一方面 CBL/CIPK 家族在调节细胞内的离子平衡，包括 K^+、Na^+、Mg^{2+}、NO_3^-、NH_4^+ 和 Cl^- 等发挥着重要作用（Tang et al., 2020）。离子的吸收转运首先涉及通道的开放和转运体的活性，CIPK 通过磷酸化作用对其进行调节。然而，研究也发现 CBL4 和 CIPK6 蛋白互作后可以不依赖于该激酶的磷酸化作用，通过改变靶蛋白的亚细胞器定位来调控钾通道 AKT2 的活性（Held et al., 2011）。说明 CIPK 调控靶蛋白的活性不是一定需要磷酸化作用的。这进一步丰富了 CBL/CIPK 家族调控信号通路的机制，但是 CBL 和 CIPK 互作，什么情况下行使激酶的磷酸化作用，什么情况下不行使磷酸化作用，以及这种调节机制具体信号途径及方式是什么都需要进一步实验证据。

尽管 CBL-CIPK 系统主要与膜转运事件的调节有关，但研究也揭示了

CIPK 的非膜靶标。例如，CIPK11 可能不依赖 CBL，在细胞核内通过磷酸化作用调节 ABA 参与的转录因子 ABI5 的功能（Zhou et al., 2015）。番茄 CIPK6 可能不依赖 CBL，就能够与细胞质中的 ATP 结合蛋白互作，从而调节活性氧的产生（Torre Fazio et al., 2017）。

CIPK 的结构决定了还有其他的蛋白激酶、磷脂酶或者功能蛋白和它互作。尽管 CIPK 是和钙感受器 CBL 互作的蛋白，但这并不意味着 CIPK 是 CBL 发挥功能的唯一调控蛋白。已报道的 CBL3 不通过 CIPK 可以直接和一个功能蛋白 5′- 甲硫核苷酶 AtMTAN 互作，可能参与乙烯及多胺的生物合成过程（Oh et al., 2008）。CBL10 不通过 CIPK 可以直接和钾离子通道 AKT1 互作影响植物对钾离子的吸收（Ren et al., 2013）。

由此可见，CBL/CIPK 调控网络是非常复杂和多样的。CBL 是 CIPK 的上游，将特定的钙信号传递给 CIPK，已报道的 CIPK24 可以磷酸化 CBL4，说明 CBL 也可以作为 CIPK 的磷酸化靶蛋白行使功能。这种双向的调控网络在 CBL/CIPK 之间可能还有很多，需要进一步探索。

对 CBL 和 CIPK 信号网络的研究分析可以更深刻理解钙信号转导途径，为进一步探寻植物响应逆境信号奠定基础，从而为研究作物抗逆信号途径提供思路和借鉴，为培育抗逆营养高效的作物新品种提供理论。

第五章 拟南芥蛋白激酶 CIPK18 响应锂离子的实验证据

第一节 AtCIPK18 参与 LiCl 逆境响应的实验证据

一、AtCIPK18 响应高锂胁迫

在对 CIPK 家族成员已有材料筛选非生物逆境表型中，发现 *AtCIPK18* 的 1 个过量表达植株响应高锂胁迫。如图 5-1 所示，在含有 30 mmol/L LiCl 的 MS 培养基中处理 8 d，*AtCIPK18* 的过量表达植株较野生型敏感，主要体现在冠部失绿发白，生物量小，较早死亡，而在含有 100 mmol/L NaCl 的 MS 培养基未观察到该植株和野生型之间的区别。

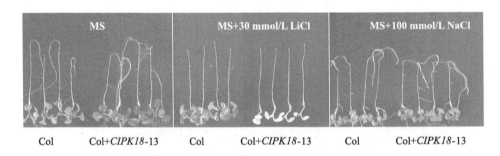

图 5-1 *AtCIPK18* 过量表达植株在含有 30 mmol/L LiCl 的 MS 培养基上表型检测
（见书后彩图）

注：MS 培养基上生长 5 d 的 Col、Col+*CIPK18*-13 移至 MS 和 MS+30 mmol/L LiCl、MS+100 mmol/L NaCl 上生长 8 d 的表型比较。

二、*AtCIPK18* 过表达材料鉴定及梯度锂、高盐、低钾条件表型检测

为了明确 *AtCIPK18* 的过表达植株确实响应锂离子胁迫，在含锂培养基上共观察过 5 个株系的表型，这 5 个株系表型趋势一致，都较野生型敏感。图5-2 显示的是其中 2 个株系的表型。从中可以看出，随着 LiCl 浓度的升高，*AtCIPK18* 过表达植株对 Li^+ 胁迫较野生型更加敏感。但是对同为一个碱金属家族的 Na^+、K^+ 却没有响应，说明 *AtCIPK18* 过表达材料对锂离子胁迫相对较特异。

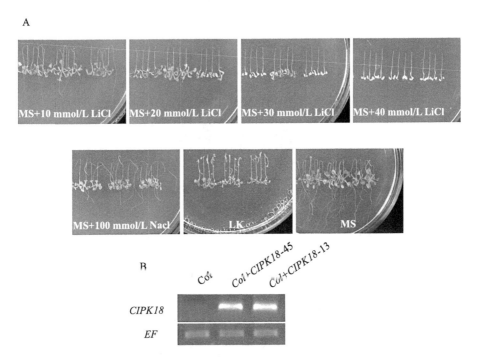

图 5-2　*AtCIPK18* 过量表达植株在不同浓度锂、高盐、低钾下的表型检测（见书后彩图）

注：（A）MS 培养基上生长 5 d 的 Col，Col+*CIPK18*-13，Col+*CIPK18*-45 移至 MS 和处理培养基上生长 9 d 的表型比较；（B）RT-PCR 鉴定 *CIPK18* 过表达材料。

三、*AtCIPK18* 突变体材料鉴定

为了对 *AtCIPK18* 的功能进行研究，从 ABRC 订购了其 T-DNA 插入突变体并进行分子水平鉴定，进一步用反向遗传学的方法对其功能进行分析。图

5-3 是订购的 5 个株系（表 6-2）。Real-time PCR 鉴定结果，这 5 个突变体中，*AtCIPK18* 没有完全敲除。除 *AtCIPK18A* 这个突变体株系外，其余 4 个突变体株系中 *AtCIPK18* 表达量都有不同程度的升高。该基因的 RNAi 材料已经构建，目前拿到了约 10 个 T$_2$ 代株系。

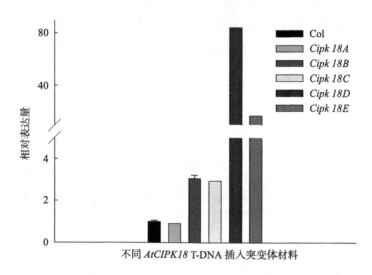

图 5-3　*AtCIPK18* T-DNA 插入突变体 Real-time PCR 鉴定

四、*AtCIPK18* 过量表达植株的钾、锂含量测定

在盐胁迫中，通常认为离子毒害或渗透胁迫造成了植物的死亡。本实验中使用 Li$^+$ 的浓度不会引起渗透胁迫，那么，*AtCIPK18* 过量表达植株在高锂条件下表现出的较野生型敏感表型是否由于植物体内积累了过多的锂离子，从而造成离子毒害呢？我们对 *AtCIPK18* 的钾、锂含量进行了测定。结果如图 5-4 所示，在含有 30 mmol/L LiCl 的 MS 培养基中，*AtCIPK18* 的两个过量表达植株冠部钾离子含量分别约为野生型的 45% 和 52%，锂离子含量约为野生型的 84% 和 91%。根部钾、锂含量区别不大。推测在锂离子胁迫条件下，*AtCIPK18* 对植物体内钾离子的吸收和维持体内离子平衡有一定调节作用，而过量表达植株对锂敏感的表型可能并不是由于体内积累过多的锂离子导致的。

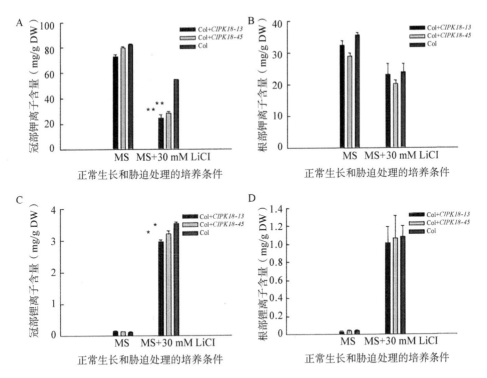

图 5-4　*AtCIPK18* 过量表达植株的钾、锂含量测定

注：图 A 和图 B 分别是冠部和根部的钾离子含量比较；图 C 和图 D 分别是冠部和根部的锂离子含量比较。

第二节　*AtCIPK18* 基因的表达分布

一、*AtCIPK18* 的组织表达与亚细胞定位

基因的组织表达水平、亚细胞定位和它的功能是紧密联系的。利用 Real-time PCR 对 *CIPK18* 在拟南芥幼苗、幼苗根、幼苗冠、茎、莲座叶、茎生叶、花、角果等组织部位进行表达水平分析，如图 5-5A 所示，结果表明 *AtCIPK18* 在花中表达最高，在角果、幼苗根、茎中有一定表达，在其他部位表达较低。同时，利用本实验室改造的 pUC-EGFP 载体对 *AtCIPK18* 的亚细胞定位进行了检测，如图 5-5B 所示，表明 *AtCIPK18* 主要定位在细胞质中，在细胞质膜上也有部分定位。

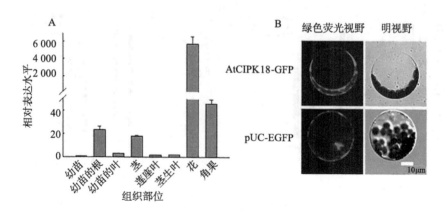

图 5-5 *AtCIPK18* 组织水平表达（A）和亚细胞定位（B）

二、Real-time PCR 检测 *AtCIPK18* 高锂诱导表达情况

在 MS 培养基上生长 1 周的野生型幼苗分别移到 MS 和含有 30 mmol/L LiCl 的 MS 培养基上，处理 1 h、3 h、6 h、24 h、36 h 后取样提取 RNA，利用 Real-time PCR 对 *AtCIPK18* 做诱导分析，如图 5-6 所示，结果表明，在不同处理时间点 *AtCIPK18* 的表达都受到了高锂条件诱导，在处理 3 h 时诱导表达变化最高，这说明 *AtCIPK18* 可能在高锂信号响应中起一定作用。

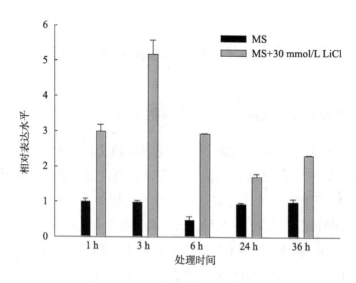

图 5-6 *AtCIPK18* 高锂诱导表达情况

第三节 AtCIPK18 上游调节因子 AtCBL 的筛选

一、酵母双杂交系统分析 AtCIPK18 与 AtCBL 家族 10 个成员之间的互作

实验室前期工作中将拟南芥 10 个 *AtCBL* 基因克隆至酵母 AD 载体 pACT2 上，将克隆 *AtCIPK18* 至酵母 BD 载体 pGBKT7 上，并将 AtCBL-AD 和 AtCIPK18-BD 共同转化酵母 AH109，进一步检测它们互作情况。经过营养缺陷型平板筛选和 X-gal 显色表明与 AtCIPK18 互作的有 AtCBL1、AtCBL2、AtCBL3、AtCBL4、AtCBL5、AtCBL7、AtCBL8 和 AtCBL9。X-gal 显色程度表明 AtCIPK18 与 AtCBL2 和 AtCBL3 的互作最强，与 AtCBL1、AtCBL4、AtCBL5 和 AtCBL9 互作强度基本相当，仅次于 AtCBL2 和 AtCBL3，与 AtCBL7、AtCBL8 的互作最弱（图 5-7）。

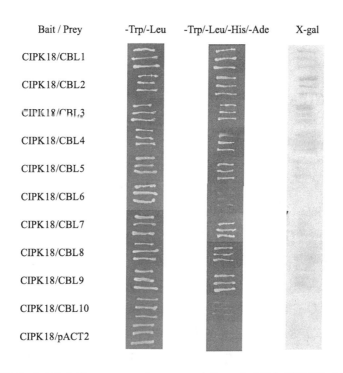

图 5-7 酵母双杂交实验分析 AtCIPK18 与 AtCBL 家族 10 个成员之间的互作（见书后彩图）

二、与 AtCIPK18 酵母互作的 AtCBL 成员高锂表型检测

与 AtCIPK18 酵母互作的 AtCBL 有 8 个成员，将它们的相关材料在含有 30 mmol/L LiCl 的 MS 培养基上进行表型检测，发现 *AtCBL3* 的过量表达植株和 *AtCIPK18* 过量表达植株表型类似，都较野生型敏感，主要表现在冠部生物量小，变白失绿死亡，如图 5-8 所示。*atcbl3* 突变体没有观察到明显表型。

Col   Col+*CBL3*-3   Col+*CBL3*-1

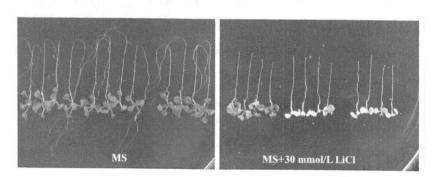

图 5-8　AtCBL3 过量表达植株高锂表型（见书后彩图）

三、AtCIPK18 参与 LiCl 胁迫机制的初步探索

在动物细胞和酵母中，Li^+ 的主要毒性靶蛋白分别是与肌醇代谢相关的肌醇单磷酸酯酶和与硫同化作用相关的 Hal2 核苷酸酶，Li^+ 的效应可以分别被外补加的肌醇和蛋氨酸所抵消（Berridge and Irvine, 1989；Nahorski et al., 1991；Glaser et al., 1993；Murguía et al., 1995；Murguía et al., 1996）。植物细胞含有这两种类型的酶（Gillaspy et al., 1995；Gil-Mascarell et al., 1999），但是体内的靶蛋白目前不清楚。在含有 LiCl 的 MS 培养基中补加肌醇和蛋氨酸来探索高锂对植物胁迫机制已有报道（Bueso et al., 2007）。因此我们在含有 20 mmol/L LiCl 的 MS 培养基中分别补加 1 g/L 的肌醇和 500 μmol/L 蛋氨酸来检测肌醇和蛋氨酸对 *AtCIPK18* 高锂表型的影响。如图 5-9 所示，结果显示外补肌醇对 *AtCIPK18* 高锂敏感表型没有影响，外补蛋氨酸后，*AtCIPK18* 过量表达植株较野生型高锂敏感的表型得以恢复，说明 *AtCIPK18* 可能和蛋氨酸代谢相关。

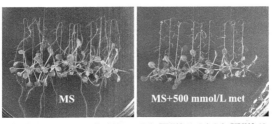

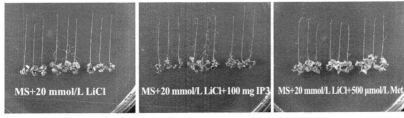

图 5-9　*AtCIPK18* 过量表达植株在补加肌醇和蛋氨酸的含锂 MS 培养基中表型检测
（见书后彩图）

第四节　讨　论

本章内容介绍了拟南芥重要的钙依赖蛋白激酶家族成员 CIPK18 响应锂离子的表型、生理及相关分子生物学实验证据。尽管还有很多需要解决的问题，但是初步的实验结果表明，*AtCIPK18* 是一个对高盐和低钾没有响应，只对 LiCl 胁迫敏感的基因。从目前的研究报道来看，这在植物中是非常少见的一种现象。这说明植物中确实存在特殊的参与锂离子的分子生物学信号转导途径，深入的分子遗传机制还需要进一步的探索。

一、AtCIPK18 参与植物体内离子平衡的调节

通常在耐盐实验研究中，Li^+ 常常被用作 Na^+ 的类似物，2007 年王学臣教授实验室发现拟南芥 CPA1 家族成员 AtNHX8 可能是一个位于细胞质膜的专一性的 Li^+/H^+ 反向转运器，当植物遭受 LiCl 胁迫时，可以将细胞内多余的 Li^+ 排出胞外，并且在 K^+ 吸收和维持体内离子平衡方面发挥着重要的作用（An et al., 2007）。这是植物体内首次报道的一个特异转运 Li^+ 的转运体蛋白，同时也

说明在某些情况下，Li^+ 不能被用作 Na^+ 的类似物。我们的研究也发现了一个特异响应 Li^+ 的蛋白，对 Na^+、K^+ 没有响应。在 LiCl 处理条件下，*AtCIPK18* 过量表达植株冠部的钾离子含量显著降低，锂离子含量也稍低于野生型。而根部钾、锂含量与野生型区别不大。推测在锂离子胁迫条件下，*AtCIPK18* 对植物体内钾离子平衡有一定调节作用，而 *AtCIPK18* 过量表达植株对锂敏感的表型可能并不是由于体内积累过多的锂离子导致的。此结果丰富了 AtCBL/CIPK 家族成员参与植物体内离子平衡调节的研究。

二、AtCIPK18 可能通过上游钙感受器 AtCBL3 起作用

通过酵母双杂交实验及表型检测，我们发现 AtCIPK18 可能通过上游钙感受器 AtCBL3 在响应锂离子方面起作用。我们实验室已有的结果显示 AtCBL3 在细胞质膜、液泡膜上均有分布，因此 AtCBL3 和 AtCIPK18 在这两个区域都有可能互作进而调控下游的靶蛋白。进一步的体内双分子荧光互补（BIFC）实验，AtCBL3 相关材料钾、锂含量测定实验可以给我们提供思考。

三、AtCIPK18 可能参与的信号途径

锂在植物中研究很少。在植物中，肌醇单磷酸酯酶、肌醇多磷酸盐 -1- 磷脂酶和类似于 SR 的剪切蛋白被认为是 Li^+ 的靶蛋白（Forment et al., 2002；Gillaspy et al., 1995；Xiong et al., 2004）。Li^+ 还能诱导 1- 氨基环丙烷 -1- 羧酸合成酶（即 ACC 合酶）活性升高（Boller, 1984；Liang et al., 1996），增加乙烯的产量（Naranjo et al., 2003），高浓度的乙烯可以抑制植物生长，促进植物衰老（Dangl et al., 2000）。为了探索 *AtCIPK18* 是否参与乙烯信号途径，我们在 1/2MS 培养基中补加 10 μmol/L ACC 合酶观察暗处生长的 *AtCIPK18* 过量表达植株和野生型之间的乙烯三重反应，如图 5-10 所示，结果显示 *AtCIPK18* 过量表达植株表现出和野生型较一致的乙烯三重反应。这说明 *AtCIPK18* 过量表达植株在感受并传递乙烯信号方面和野生型没有差异，但是否影响乙烯合成途径需要进一步实验证据。

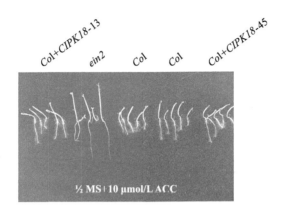

图 5-10 *AtCIPK18* 过量表达植株在 **1/2MS** 培养基中外加 **10 μmol/L ACC**
合酶暗中生长 **6d** 的表型（见书后彩图）

我们在含有 20 mmol/L LiCl 的 MS 培养基中补加 500 μmol/L 蛋氨酸后，发现 *AtCIPK18* 过量表达植株较野生型高锂敏感的表型得以恢复，说明 *AtCIPK18* 可能和蛋氨酸代谢相关。植物体内的蛋氨酸有合成和再循环两个过程。植物从土壤中吸收硫酸根离子，通过硫的同化作用合成半胱氨酸，进一步合成蛋氨酸（甲硫氨酸），蛋氨酸是乙烯生物合成的前体，蛋氨酸在 S-腺苷甲硫氨酸合成酶（SAMS）催化下变成 S-腺苷甲硫氨酸（SAM），SAM 在 ACC 合酶（ACS）的催化下产生氨基环丙烷羧酸（ACC）和 5′-甲硫基腺苷（MTA）。ACC 用于产生乙烯，MTA 则通过蛋氨酸循环变回蛋氨酸，如图 5-11 所示。在锂离子存在下，*AtCIPK18* 影响了蛋氨酸的代谢，这个过程是非常复杂的，可能影响了硫的同化作用，也可能和蛋氨酸循环途径有关，或者和这两个过程都有关系。因此，*AtCIPK18* 可能调控了和硫同化作用相关的硫的转运体蛋白或者其他酶类蛋白，也可能调控蛋氨酸循环途径中的代谢酶，这需要实验证据来找出体内真正的靶蛋白。

AtCIPK18 在酵母系统中可以和 AtCBL3 互作，且 *AtCBL3* 和 *AtCIPK18* 的过量表达植株在高锂培养基上表现出一致的敏感表型，有文献报道 AtCBL3 可以直接和一个功能蛋白 5′-甲硫核苷酶 AtMTAN 互作，依赖于 Ca^{2+} 抑制该酶的活性，MTAN 是蛋氨酸再循环中的第一个酶，能够将 5′-甲硫基腺苷（MTA）水解成 5′-甲硫基核糖（MTR），可能参与乙烯及多胺的生物合成过程

53

（Oh et al., 2008）。植物组织 AtMTAN 酶活剧烈增加可以产生更多的乙烯及多胺（Adams and Yang, 1977；Kushad et al., 1988），因此 AtCIPK18 和 AtMTAN 之间是否也有关系还有待进一步研究。

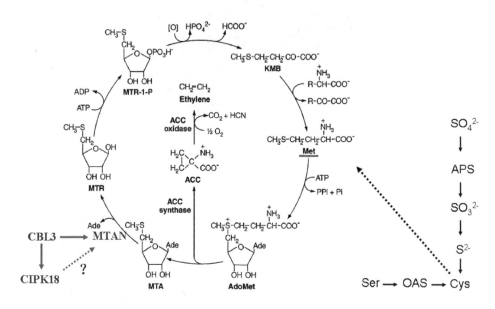

图5-11　乙烯生物合成途径和蛋氨酸的合成及循环途径（改自 Bleecker, 2000）

四、锂离子在 AtCIPK18 可能参与信号途径中的作用

通过培养基中补加蛋氨酸，*AtCIPK18* 过量表达植株较野生型高锂敏感的表型得以恢复，说明 *AtCIPK18* 可能和蛋氨酸代谢相关。这个过程中涉及硫的同化作用和蛋氨酸的再循环途径，那么锂离子在这个可能信号途径中发挥着怎样的作用呢？锂离子可能作为一种信号分子，引起植物细胞内的钙离子浓度变化，导致钙信号的传递，进而引起下游一系列基因的表达调控。也可能是植物体内某些重要代谢酶类对锂离子较为敏感，而 *AtCIPK18* 又参与调控该酶的基因表达或者蛋白活性，因此在高锂的 MS 培养基上表现出非常敏感的表型。在高锂条件下，*AtCIPK18* 过表达植株超级敏感的表型并不是由体内积累过多的锂离子导致的，从这个角度来看，*AtCIPK18* 可能并不调控 *AtNHX8* 的基因表达或者 AtNHX8 蛋白活性。因为 *atnhx8* 高锂敏感的表型是由于体内积累了过

多的锂离子（An et al., 2007）。尽管表型是从含有高锂的 MS 培养基上观察到，但是 AtCIPK18 有可能参与了植物体内更重要的生物学过程，这些都需要补充相关的实验来检测。

第五节　结　论

第一，*AtCIPK18* 过量表达植株对高盐和低钾没有响应，对 LiCl 胁迫敏感，表现为冠部失绿发白，生物量减小，过早死亡，随着 LiCl 浓度的升高（10~40 mmol/L），这种敏感表型逐渐加剧。

第二，在 LiCl 处理条件下，*AtCIPK18* 过量表达植株冠部的钾离子含量显著降低，锂离子含量也稍低于野生型，而根部钾、锂含量与野生型区别不大。

第三，组织表达水平检测发现 *AtCIPK18* 在花中表达最高，在角果、茎、幼苗根中也有一定的表达，在叶中表达较低。且 *AtCIPK18* 可显著受 LiCl 诱导表达升高。亚细胞定位分析显示 AtCIPK18 主要定位在细胞质中，在细胞质膜上也有部分定位。

第四，酵母双杂交实验表明 AtCIPK18 可以和 8 个 CBL 成员互作。通过表型检测发现只有 *AtCBL3* 过量表达植株具有和 *AtCIPK18* 过量表达植株类似的 LiCl 敏感表型。

第五，在含有 20 mmol/L LiCl 的 MS 培养基中补加 500 μmol/L 蛋氨酸后，发现 *AtCIPK18* 过量表达植株较野生型高锂敏感的表型得以恢复，说明 AtCIPK18 可能和蛋氨酸代谢相关。

第六章　植物响应锂离子的
实验方法

第一节　材料与仪器设备

一、植物材料

T-DNA 插入突变体种子购于 ABRC（*Arabidopsis* Biological Resource Center）。

拟南芥野生型 Col（*Arabidopsis thaliana*, Columbia 生态型）为本实验室保存。

二、菌株和载体

大肠杆菌 DH5α 和根瘤农杆菌 GV3101 菌株由本实验室保存，酵母（*Saccharomyces cerevisiae*）营养缺陷型菌株 AH109 购于 Clontech 公司。

克隆载体 pGEM T-Vector 为 Promega 产品，pMD18 T-Vector 为 TaKaRa 产品。

表达载体 pCAMBIA1300-super-promoter 质粒由中国农业大学生物学院巩志忠教授惠赠；RNAi 载体 pGreen-HY104 质粒由中国农业大学生物学院杨淑华教授惠赠；GFP 融合蛋白表达载体 pUC-EGFP 由本实验室陈丽清改造；酵母双杂交系统的载体 pGBKT7 和 pGADT7 购自 Clontech 公司。

三、药品与试剂

IPTG、X-gal、植物激素 6-BA、VB$_5$、DEPC、Oligo(dT) 及氨苄青霉素、卡那霉素、庆大霉素、利福平等抗生素为 Sigma 公司产品；Trizol 和

SuperScript™ Ⅱ 为 Invitrogen 产品；各种 DNA 限制性内切酶、T4 DNA 连接酶、RNaseA、*Taq* DNA 聚合酶等购自 Promega、TaKaRa 公司；PCR 引物由 Invitrogen 公司和北京三博远志公司通过 PAGE 纯化方式合成；质粒大量提取试剂盒购自 QIAGEN；DNA 回收试剂盒购自博大泰克和北京 TIANGEN 公司；其他化学药品为进口或国产分析纯试剂。

酵母相关试剂：鲑鱼精 DNA（ssDNA）购自 Sigma，LiAc 购自北京化学试剂厂，PEG4000 购自 FLUKA，-Ade/-His/-Leu/-Trp Do supplement、-Leu/-Trp Do supplement、-His/-Leu/-Trp Do supplement、-Trp Do supplement 购自 Clontech；胰蛋白胨和酵母提取物为 OXOID 产品；酵母质粒小提试剂盒购自北京 TIANGEN 公司。

Real-time PCR 荧光染料试剂盒购自 Applied Biosystems。

四、主要仪器

PCR 仪：PE-System-9700。

电泳槽和电泳仪分别是北京六一厂生产的 DYY-33A 型和 DYY- Ⅲ -5 型。

凝胶成像系统：Bio-Rad 紫外扫描仪。

离心机：MIKRO 22R 和 MIKRO 20，Hettich。

ZEISS 激光共聚焦扫描显微镜。

原子吸收分光光度计：日立 Z5000 型。

ABI PRISM 7500 Real-time PCR System。

BIO-RAD 公司 MicroPulser。

LRH-250-G 型光照培养箱、超净工作台、马弗炉、高压灭菌锅及其他常规仪器。

五、PCR 引物序列

PCR 引物序列见表 6-1 至表 6-3。

表 6–1 构建 *AtCIPK18* 过表达材料所用引物序列

基因	引物和限制位点	
CIPK18	5′ -TT**TCTAGA**ATGGCTCAAGCCTTGGCT-3′	*Xba* Ⅰ
	5′ -AA**GAGCT**CCTATTCAGTATCAGATGGCAAATACA-3′	*Sac* Ⅰ

表 6-2　*AtCIPK18*（At1g29230）T-DNA 插入突变体鉴定引物

突变体	SALK 号码	其他名称	引物
cipk18A promoter	SALK_011025.42.95.x	SALK_011025C	LP:5′-TGATCGATCAGGTTCCTTTTG-3′
			RP:5′-ATGTGAGCAACCAAACCACTC-3′
cipk18B Exon	SALK_135953.52.20.x	SALK_135953C	LP:5′-AACACACACTGGGAGATTTCG-3′
			RP:5′-TATATTGCACCCGAGGTTTTG-3′
cipk18C Exon	SALK_135953.52.20.x	CS65733	LP:5′-AACACACACTGGGAGATTTCG-3′
			RP:5′-TATATTGCACCCGAGGTTTTG-3′
cipk18D promoter	SAIL_671_E06	CS875817	LP:5′-ACTCAGTAAAGCGTGACCGTG-3′
			RP:5′-ATGTGAGCAACCAAACCACTC-3′
cipk18E promoter	SAIL_1210_H04	CS878499	LP:5′-CGAAAATCACAAAACCCATTG-3′
			RP:5′-CGAAACAGAGGAGA-CAGCTG-3′
T-DNA 左臂引物			LBa1: 5′-GTTCACGTAGTGGGCCATCG-3′
			LB1:5′-GCCTTTTCAGAAATGGATA-AATAGCCTTGCTTCC-3′

表 6-3　*AtCIPK18* 其他构建引物

引物名称	引物和限制位点	
CIPK18+pGBKT7	5′-TTGAATTCATGGCTCAAGCCTTGGCT-3′	*Eco*R I
	5′-TTGGATCCCTATTCAGTATCAGATGGCAAATA-3′	*Bam*H I
CIPK18+pUC-EGFP	5′-ATTCTAGAATGGCTCAAGCCTTGGCTc-3′	*Xba* I
	5′-AACCCGGGTTCAGTATCAGATGGCAAATAC-3′	*Sma* I
CIPK18+pGreen-HY104	5′-GCTGCAGGAATTCGGTGCTCCTGTTTCAAAGATCA-3′	*Pst* I -*Eco*R I
	5′-CGGATCCCTCGAGTCCTTTCTTCTTCACCTCC-3′	*Bam*H I -*Xho* I
CIPK18+RT-PCR	5′-TCGTGAGCTTTACTGTGAGGAA-3′	
	5′-CTTTCTTCTTCACCTCCACCAC-3′	
18S	5′-CGGCTACCACATCCAAGGAA-3′	
	5′-TGTCACTACCTCCCCGTGTCA-3′	

第二节　实验方法

一、植物材料培养

拟南芥种子用含 0.6% NaClO（*V/V*），0.01%（*V/V*）Triton X-100 的水溶液进行表面消毒 10~15 min，其间要反复摇动，用无菌水洗 5 次，4℃低温处理 3 d 后播种于琼脂浓度为 0.8%（*W/V*）的 MS 固体培养基上，放入 22℃光照培养箱中连续光照培养［光强 60 μmol/（m² · s）］。

将 MS 培养基上生长 6 d 左右的幼苗移到正常 MS 和处理培养基上，置于光照培养箱中培养。其间要每天更换皿的位置以免光照不均匀。

将在 MS 培养基上生长 1 周左右的幼苗移入土壤［蛭石：营养土为（1：1）~（1：2）］中，在生长室中培养。培养温度为 22℃，光周期为 16 h 光照 /8 h 黑暗，光照强度为 80~120 μmol/（$m^2 \cdot s$）。

二、实验所需培养基和试剂的配置

1. 常用溶液配制

正常 MS 大量元素（1 L，10×）：1 650 mg NH_4NO_3，1 900 mg KNO_3，370 mg $MgSO_4 \cdot 7H_2O$，170 mg KH_2PO_4，440 mg $CaCl_2 \cdot 2H_2O$。

低钾大量元素（1 L，10×）：2 300 mg NH_4NO_3，370 mg $MgSO_4 \cdot 7H_2O$，144 mg $NH_4H_2PO_4$，440 mg $CaCl_2 \cdot 2H_2O$。

微量元素（1 L，100×）：22.3 mg $MnSO_4 \cdot 4H_2O$，0.83 mg KI，0.025 mg $CuSO_4 \cdot 5H_2O$，6.25 mg H_3BO_5，0.025 mg $CoCl \cdot 6H_2O$，8.65 mg $ZnSO_4 \cdot 7H_2O$，0.25 mg $Na_2MoO_4 \cdot 2H_2O$。

铁盐（1 L，100×）：27.8 mg $FeSO_4 \cdot 7H_2O$，37.3 mg Na_2EDTA。

RNase A（10 mg/mL）：称取 0.1 g RNaseA 溶于 10 mL 10 m/mol/L Tris·HCl（pH=7.5），15 mmol/L NaCl 中，100℃煮沸 15 min，冰浴冷却，-20℃保存备用。

氨苄青霉素（Amp，50 mg/mL）：50 mg Amp 溶于 1 mL H_2O 中，-20℃保存。

卡那霉素（Kan，50 mg/mL）：50 mg Kan 溶于 1 mL H_2O 中，-20℃保存。

利福平（Rif，15 mg/mL）：15 mg Rif 溶于 1 mL 甲醇中，-20℃保存。

庆大霉素（Gen，15 mg/mL）：15 mg Gen 溶于 1 mL H_2O 中，-20℃保存。

TE：含 10 mmol/L Tris·HCl（pH= 8.0），1 mmol/L EDTA（pH=8.0），高温高压灭菌。

琼脂糖凝胶电泳（0.8%~2%）：称取 0.8 ~2 g 琼脂糖，加入 100 mL 1×TAE 中，补入少许单蒸水，加热煮沸至琼脂糖完全熔化，待冷却至不烫手，加入适量 EB，倒入放有适当梳子的胶槽。

碱裂解法提取质粒所需溶液：

溶液Ⅰ：取 25 mL 1 mol/L Tris-HCl（pH= 8.0）和 20 mL 0.5 mol/L EDTA（pH=

8.0），蒸馏水定容至 1 L。

溶液Ⅱ：配制 10% SDS 和 2 mol/L NaOH，使用前按 1（10% SDS）：1（2 mol/L NaOH）：8（dH$_2$O）混匀。

溶液Ⅲ：在 500 mL 烧杯中称取 147 g 醋酸钾（KAc），加入 57.5 mL 冰醋酸（CH$_3$COOH），加入 dH$_2$O 定容到 500 mL，高温高压灭菌后，4℃保存。

DNA 提取缓冲液见表 6-4。

表 6-4　DNA 提取缓冲液

成分（终浓度）	母液或固体	体积（500 mL）
200 mmol/L Tris（pH=7.5）	Tris	12.12 g
250 mmol/L NaCl	NaCl	7.305 g
25 mmol/L EDTA（pH=8.0）	0.5 mol/L EDTA（pH=8.0）	25 mL
0.5% SDS	SDS	2.5 g
用浓 HCl 调 pH 值至 7.5，ddH$_2$O 定容至 500 mL		

植物材料转化液溶液制备（1 L）：MS 大量元素母液（10×）50 mL；微量元素母液（100×）5 mL；维生素 B$_5$（0.5 mg/mL）1 mL；6-BA（0.044 mol/L）1 mL；50 g 蔗糖；200~300 mL Silwet-77。

2. 常用培养基的配制

LB 培养基（1 L）：胰蛋白胨（Tryptone）为 10 g；酵母提取物为 5 g；NaCl 为 5 g；pH=7.0（固体培养基每升加 15 g 琼脂粉），高压灭菌。

YEB 培养基（1 L）：胰蛋白胨（Tryptone）为 5 g；酵母提取物为 1 g；牛肉浸膏为 1 g；蔗糖为 5 g；MgSO$_4$·7H$_2$O 为 0.5 g；用 NaOH 调节 pH=7.0（固体培养基每升加 15 g 琼脂粉），高压灭菌。

1×YPDA 培养基（1 L）：胰蛋白胨（Peptone）为 20 g；酵母提取物：10 g；葡萄糖为 20 g；20 mg 硫酸腺嘌呤（Adenine sulfute）；用 HCl 调节 pH=5.8（固体培养基每升加 15 g 琼脂粉），高压灭菌。

SD 培养基（1 L）：6.7 g 无氨基酸的酵母氮源；20 g 葡萄糖；根据所需配制的 SD 营养缺陷型培养基的种类，按比例加入相应的氨基酸 DO Supplement 粉末；pH=5.8（固体培养基加 15 g/L 琼脂粉），高压灭菌。

SD/-Leu DO Supplement：0.69 g/L；

SD/-Leu/-Trp DO Supplement：0.64 g/L；

SD/-Leu/-Trp/-His DO Supplement：0.62 g/L；

SD/-Ade/-Leu/-Trp/-His DO Supplement：0.60 g/L；

SD/-Ade/-Leu/-Trp/-Ura DO Supplement：0.60 g/L。

50% PEG 4000（*W/V*）：

100 g PEG 4000 溶于水，定容至 200 mL，用 0.22 μm 滤器滤灭。

1 mol/L LiAc（pH=7.5）：25.5 g LiAc 溶于水，定容至 250 mL，用 0.22 μm 滤器滤灭。

ssDNA（5 mg/mL）：250 mg 鲑鱼精 DNA 溶于 50mL TE 缓冲液。

X-gal 母液（20 mg/mL）：溶 5- 溴 -4- 氯 -3- 吲哚 -β-D- 半乳糖于二甲基甲酰胺，避光储存于 −20℃。

Z- 缓冲液（100 mL）：

$Na_2HPO_4 \cdot 12H_2O$	2.15 g
$NaH_2PO_4 \cdot 2H_2O$	0.622 g
KCl	0.075 g
$MgSO_4 \cdot 7H_2O$	0.024 6 g

　　调 pH 值至 7.0，高压灭菌。

Z 缓冲液 /X-gal 溶液（10 mL）：

Z 缓冲液	10 mL
β- 巯基乙醇	27 μL
X-gal 母液	167 μL

MS 培养基（1 L）：MS 大量元素（10×）为 100 mL；微量元素（100×）为 10 mL；Fe 盐（100×）为 10 mL；蔗糖为 30 g；琼脂粉为 8 g；用 Tris-Mes 调 pH 值至 5.75~5.8，高压灭菌。

低钾 MS 培养基（1L）：低钾 MS 大量元素（10×）为 100 mL；微量元素（100×）为 10 mL；Fe 盐（100×）为 10 mL；蔗糖为 30 g；琼脂粉为 8 g；用 Tris-Mes 调 pH 值至 5.75~5.8；加入 KCl 调节钾浓度为 100 μmol/L，高压灭菌。

高锂、高盐、含肌醇、含蛋氨酸培养基分别是在正常 MS 培养基上加入对应浓度的 LiCl、NaCl、肌醇、蛋氨酸固体，pH 值为 5.75~5.80，高压灭菌。

三、基因克隆构建

1. PCR 扩增

用基因特异引物、适当扩增条件、高保真性 *Taq* 酶进行目的基因 cDNA 的扩增。

引物的设计：根据所要扩增的目的基因，选取起始密码子至终止密码子（或特异片段）之间的序列作为目的区域，使用 DNAMAN 或 Oligo、Primer 3 等软件进行引物设计，并加上相应酶切位点序列（酶切位点前可加保护碱基），通过软件对引物进行多方面分析并在 NCBI 或 TAIR 上进行 BLAST 以寻求最佳引物。

2. DNA 回收纯化

使用北京博大泰克生物技术有限责任公司的 DNA 片段回收试剂盒进行回收，主要实验步骤如下：DNA 片段经 0.8%（*W/V*）琼脂糖凝胶电泳分离后，从凝胶上切取所需目的 DNA 片段（注意尽量少切凝胶），放在 1.5 mL 离心管中；加入 3 倍体积的溶胶液，50~60℃溶胶 5 min，其间轻摇反应管几次以使胶完全溶化；加入 10 μL 玻璃奶（玻璃奶使用前要充分混匀），颠倒混匀后在冰上放置 15~30 min，其间颠倒混匀几次，12 000 r/min 离心 1 min，弃上清液；加入 250 μL 漂洗液（浓缩漂洗液使用前，按浓缩漂洗液:无水乙醇=3：7 配成工作浓度），轻柔地吹吸漂洗液将玻璃奶混匀，12 000 r/min 离心 1 min，弃上清液，重复上一步过程；吸取完漂洗液后再离心 30 s，用吸头将最后一点漂洗液吸干净，放置在 37℃温箱中干燥 10~15 min；加适量无菌蒸馏水（10~30 μL）混匀，60℃水浴 5 min，12 000 r/min 离心 1 min，回收上清用琼脂糖凝胶电泳检测回收效率以备下步实验所用。

3. DNA 片段与 T 载体或目的载体的连接反应

克隆载体使用 TaKaRa 公司的 pMD18-T 或 Promega 公司的 pGEM-T 载体。使用 Progma 公司的 T4 DNA 连接酶或者 TaKaRa 公司的 Solutin Ⅰ 进行连接，将回收纯化的 DNA 片断与 T 载体或回收纯化的目的载体进行连接反应［片段与载体的摩尔比在（1：3）~（3：1）］。16℃连接 8~12 h，将连接产物转化到大肠杆菌 DH5a 感受态细胞中。

4. 热激法转化大肠杆菌感受态细胞

将 TIANGEN 公司的大肠杆菌感受态细胞在冰上解冻，加入 10~20 ng 质粒或 10 μL 连接产物，混匀后，冰浴 30 min，42℃热激 90 s，立即置于冰上 2 min；加入 800 μL LB 液体培养基，37℃恢复培养 45~60 min；10 000 r/min 离心 30 s 集菌，吸弃 800 μL 上清，重悬菌体于剩余的液体培养基中，将菌液涂布于相应的筛选培养基上，待菌液完全被培养基吸收后倒置培养皿，37℃温箱培养 16~24 h。

5. 菌落（或质粒）PCR 鉴定

用灭菌牙签挑取单克隆或以质粒为模板，进行 PCR 扩增，鉴定 DNA 片断是否连接到 T 载体或目的载体。如果是菌落 PCR，应当同时将转化子划线保存以备后用。琼脂糖凝胶电泳分析 PCR 扩增结果。反应体系为 10 μL，依次加入下列组分：

成分	体积
10 × PCR 缓冲液	1.0 μL
正向引物（10 μmol/L）	0.1 μL
反向引物（10 μmol/L）	0.1 μL
dNTP（10 mmol/L）	0.1 μL
Taq DNA 聚合酶	0.1 μL
ddH$_2$O	8.6 μL
单菌（质粒）	不计体积（0.1 μL）

扩增反应条件：95℃预变性 5 min；95℃ 30 s，50~60℃（视引物而定）30 s，72℃ N min（N 根据扩增片段确定），循环数一般为 35 个；最终 72℃延伸 10 min。绝大多数 *Taq* 酶的延伸温度是 72℃，个别如 KOD *Taq* 酶延伸温度是 68℃。应根据具体所用的酶而调整。

6. 质粒 DNA 提取（碱裂解法）

实验方法：将划线的菌或挑单菌落接种于 2 mL 含相应抗生素的 LB 培养液中，37℃摇培过夜；12 000 r/min 离心 30 s，集菌；弃上清液，加 250 μL 溶液 I，振荡悬浮菌体，加 300 μL 新配制的溶液 II，颠倒混匀，溶液澄清后立即加入 300 μL 预冷的溶液 III，混匀后冰上放置 5~10 min，4℃，12 000 r/min 离心 15 min；取上清液，加入等体积的氯仿/异戊醇（V/V=24/1），颠倒混匀后，12 000 r/min 离心 10 min 沉淀蛋白；去上清，加 0.7 倍体积异丙醇，混匀，12 000 r/min 离心 10 min；去上清，用 70% 乙醇洗涤沉淀，真空干燥 DNA

10 min；溶于 20 μL 水或 TE 缓冲液（pH=8.0）中，加入 1 μL RNaseA（10 μg/μL）溶液，37℃水浴 30 min，-20℃保存备用。

7. 质粒或 PCR 产物酶切鉴定

根据质粒和待克隆的 DNA 片段酶切图谱选取合适的限制性内切酶鉴定，酶切体系为 10 μL，依次加入：10×Buffer：1 μL；10×BSA（如需要）：1 μL；质粒或 PCR 产物：1~2 μL；限制性内切酶：0.1 μL；加 ddH$_2$O 至 10 μL。

混匀后，在所选限制性内切酶的最适酶活温度下反应 6 h 或过夜；琼脂糖凝胶电泳分析酶切结果，将可能的阳性克隆送于公司测序。

8. 农杆菌感受态的制备

需要准备含利福平 Rif 和庆大霉素 Gen 的 YEB 液体培养基和平板；0.15 mol/L NaCl 和 20 mmol/L CaCl$_2$ 液体及 1.5 mL EP 管，高压灭菌。

将农杆菌 GV3101 菌株（抗利福平 Rif 和庆大霉素 Gen）在 YEB 抗性培养基上划线过夜培养 1~2 d；挑取单菌落接种至 5 mL YEB（Rif/Gen）液体培养，28℃振荡培养 18~24 h 至饱和状态；将饱和培养物转接于 50 mL YEB（按 1:50 转接）中，28℃，200 r/min 培养 4~8 h，培养至 OD$_{600}$=0.5；冰上放置 30 min，4℃，3 000 g 离心 5 min，弃上清液，加入 10 mL 0.15 mol/L NaCl 悬浮细胞；4℃，3 000 g 离心 5 min，弃上清液，加入 1 mL 冰冷的 20 mmol/L CaCl$_2$ 悬浮细胞；每管 200 μL 分装，液氮冻 1 min，-80℃保存。

9. 质粒转化根瘤农杆菌及可能阳性克隆的鉴定

取农杆菌感受态，置冰上融化，加入质粒约 1 μg（5~10 μL），混匀后冰上放置 30 min；液氮速冻 1~2 min，37℃水浴 5 min；加入 1mL YEB 培养液（不含抗生素），28℃，250 r/min 孵育 4 h；12 000 g 离心 30 s，弃上清液，留 200 μL 悬浮细胞，涂板于含有相应抗生素的 YEB 固体培养基上，28℃倒置培养 1~2 d 直至克隆出现；菌落 PCR 鉴定，阳性克隆摇菌进行质粒提取，以质粒 PCR 产物酶切或将质粒回转大肠杆菌再进一步鉴定。

10. 农杆菌转化植株

选取饱满的拟南芥种子，种在花盆中，置于温室中培养 4 周至抽薹开花。开花时用剪刀切去莲座叶以上主花轴以促进次生花轴抽薹。剪切后 7~9 d 用作转化实验，转化实验前停止浇水，转化时再将露白的花芽去除。挑取含有目的质粒的农杆菌 GV3101 阳性单菌落到 5 mL 相应抗生素的 YEB 液体培养基中，28℃摇菌培养过夜；次日按 1：50 或 1：100 的比例转接于装有 250 mL YEB 液体培养基的三角瓶中，继续摇菌至 OD_{600} 达到 1.2~1.8；5 000 r/min 离心 15 min 集菌，去上清，重悬于 500~600 mL 的转化液，使终浓度 OD_{600} 为 0.6~0.8；将植株地上部分倒置于农杆菌转化液中，浸泡 1.5~2 min 后，翻正花盆，侧躺在托盘中，盖上黑塑料布，闭光放置 24 h 后，取下遮光的物品，直立花盆，正常光照培养。注意要防止土壤脱落进入转化液。待种子成熟后，收获 T_1 代种子。

11. 阳性转化植株的筛选

T_1 代植株的筛选：置备 MS 筛选平板（含 50 μg/mL 潮霉素和 50 μg/mL 氨苄青霉素，视载体抗性而定），T_1 代种子消毒后播种于筛选平板上，4℃春化 3 d，移入生长箱中培养［22℃恒温、24 h 光照，光强 50~60 μmol/（m^2·s）］，7~10 d 后挑选能够正常萌发并且根部生长不受抑制的转化植株，移入正常 MS 培养基中恢复培养 2~3 d，之后移入土中种植，待收 T_2 种子。

T_2 代单拷贝株系：取 T_2 代种子（150~200 粒）播种于筛选平板（MS 培养基外加 50 μg/mL 潮霉素），生长 1 周左右后进行萌发分离比的统计，在筛选培养基上能够生长的种子与不能生长的种子经卡方检验符合 3：1 比例的株系即为单拷贝插入的株系，选取一定数量（每个株系选取 16~20 株）的 T_2 代单拷贝插入的株系进行繁种，单株收获 T_3 代种子。

T_3 代纯合株系的获得：取一定量的 T_3 代种子（50~100 粒）播种到筛选平板（MS 培养基外加 50 μg/mL 潮霉素），观察生长状况，1 周左右所有种子都能生长的株系即为单拷贝插入的纯合株系。用于进一步的检测和实验。

四、T-DNA 插入突变体纯合材料鉴定

取大约 0.1 g 植物材料，充分研磨后加入 800 μL DNA 提取缓冲液，轻摇匀，12 000 r/min 离心 15 min；吸取 600 μL 上清转入另一新管中，加入 600 μL 异丙醇，混匀，–20℃静置 10~30 min；12 000 r/min 离心 10 min，弃上清液；加入 600 μL 70% 乙醇，摇匀，12 000 r/min 离心 5 min；弃乙醇，抽干沉淀，溶于 50~100 μL TE 缓冲液或无菌双蒸水中，–20℃保存备用。

按 Signal 网站（http://signal.salk.edu/tdnaprimers.2.html）介绍的方法设计 T-DNA 插入突变体的鉴定引物（表 6–2），用不同引物组合进行 PCR，检测其

T-DNA 插入情况，根据基因型确定纯合体。

五、目的基因转录水平表达分析

1. 植株总 RNA 提取

为尽量减少 RNase 的污染，实验前需对所有试剂、器皿、容器等进行去 RNase 的处理。干净的玻璃、陶瓷及金属器皿在 180℃高温烘箱中处理 6 h 以上；所有离心管、吸头均使用无 RNase 的一次性制品。DEPC 处理水的配制方法：通风橱中配制浓度为 0.1% 的 DEPC 水溶液，即 1 L 去离子水中加入 1mL DEPC 水，37℃保温过夜，使用前需 121℃、45 min 高压灭菌以除去 DEPC。实验中用到的 75% 乙醇需要用 DEPC 水配制。

提取方法参照 Trizol 试剂操作手册，略作修改：取大约 0.1 g 植物样品，在液氮中充分研磨，加入 1 mL Trizol 试剂，室温放置 10~15 min，使其充分裂解；4℃，12 000 r/min 离心 10 min，上清液移入新管，弃沉淀，上清液中加入 0.2 mL 氯仿，剧烈振荡 15 s，室温放置 2~3 min；4℃，12 000 r/min 离心 10 min，小心吸取上层水相约 0.5 mL 至新管中，加入 0.5 mL 异丙醇，混匀后在室温条件下放置 10 min；4℃，12 000 r/min 离心 10 min，RNA 沉于管底，弃上清液，加入 1.2 mL 75% 乙醇，温和振荡离心管，洗涤 RNA 沉淀；4℃，7 500 r/min 离心 5 min，弃上清液，室温干燥 5~10 min，将 RNA 溶于灭菌的 30 μL DEPC 处理水中。用甲醛变性胶检测总 RNA 的完整性，用紫外分光光度法检测 RNA 的纯度及浓度。吸取 1 μL RNA 溶液溶于 1 mL DEPC 水中，以紫外分光光度计测定其在 260 nm 和 280 nm 处的光吸收值。OD_{260}/OD_{280} 的比值可反映 RNA 的纯度，比值为 1.9~2.0 时纯度较高。RNA 浓度计算：OD_{260} 值为 1 时溶液中含有 40 μ/mL 单链 RNA。

2. 甲醛变性胶检测 RNA 质量

基本溶液的配制：

0.5 mol/L EDTA（pH=8.0，DEPC 水配制）：称取 18.61 g $Na_2EDTA \cdot 2H_2O$，加 DEPC 水约 80 mL，用 NaOH 调节 pH 值至 8.0，加 DEPC 水定容到 100 mL。

2 mol/L NaOH：烧杯或三角瓶中加入 80 mL DEPC 水，称取 8 g NaOH 小心加入到烧杯中，边加边搅拌，完全溶解后，DEPC 水定容到 100 mL。

10×MOPS：称取 41.8 g MOPS，置于 1 L 烧杯中，加约 700 mL DEPC 水，搅拌溶解，使用 2 mol/L NaOH 调节 pH 值至 7.0，向溶液中加入 20 mL 1M NaAc（DEPC 水配制）和 20 mL 0.5M EDTA（pH= 8.0，DEPC 水配制），用 DEPC 水将溶液定容到 1 L，室温避光保存（组分浓度：200 mmol/L MOPS、20 mmol/L NaAc、10 mmol/L EDTA）。

2×RNA 上样缓冲液（7 mL）：

去离子甲酰氨	3.75 mL
37% 的甲醛	1.35 mL
10×MOPS 缓冲液	0.90 mL
75% 甘油	667 μL
溴酚蓝	1 μg
250 mmol/L EDTA（pH= 8.0）	40 μL
溴化乙锭（EB）	200 μg
DEPC 水	293 μL

–20℃可保存 6 个月

制备 1.2% 变性胶（40 mL）：称取 0.48 g 琼脂糖加入 29 mL 灭菌双蒸水和 4 mL 10×MOPS，微波炉高火 1.5 min 化胶，冷却至 60℃左右时在通风橱中加入 7 mL 37% 甲醛，迅速混匀后倒胶。

电泳：电泳槽、梳子等先用 3% H_2O_2 洗涤，以 1×MOPS 为电泳缓冲液，上样前预电泳 50 V 10~30 min，上样后，先 70 V 电泳，至样品跑出胶孔后，50 V 电泳 1.5~3 h，至溴酚蓝至胶边 1 cm 时停止电泳。

RNA 质量确定：紫外线进行扫描，观察 28S 条带是否比 18S 条带的 2 倍亮，并且带型是否清晰，以确定后续工作的开展与否。

3. 基因半定量 RT-PCR

反转录反应：

使用 Invitrogen 公司的 SuperScript™ Ⅱ 合成 cDNA 第一条链。可在 PCR 仪上进行反应，体系为 20 μL，在无 RNase 的 0.2 mL PCR 管中混合，依次加入下列组分：

oligo(dT)	1 μL
dNTP（10 mmol/L）	1 μL
RNA	5 μg
DEPC 处理水	至 13 μL

65℃变性 5 min，迅速在冰上冷却，稍微离心，然后加入：

5 × First-Strand buffer	4 μL
0.1 mol/L DTT	2 μL

混合均匀，42℃反应 2 min，在 PCR 仪上加入 1 μL SuperScript™ Ⅱ 混合均匀，42℃反应 50 min，70℃反应 15 min 使反转录酶失活。

内标基因的扩增：理想的内标基因拷贝数恒定、不显示等位基因变化且 DNA 序列相对保守，可以检测不同样品之间反转录产物的量是否一致。这里以 *EF1aA4* 基因为内标来对反转录产物进行定量。引物设计跨 *EF1aA4* 基因第一、第二内含子，扩增产物的 cDNA 长度为 706 bp。以 cDNA 为模板进行以下扩增，反应体系为 20 μL，依次加入：

10 × PCR 缓冲液	2 μL
dNTPs（10 mmol/L）	0.2 μL
正向引物（10 μmol/L）	0.2 μL
反向引物（10 μmol/L）	0.2 μL
Taq 酶（5 U/μL）	0.2 μL
RT 产物	0.5~5 μL
dd H$_2$O	补至 20 μL

扩增条件：95℃预变性 5 min；95℃ 15 s，56℃ 20 s，72℃ 45 s，循环数为 18~25 个；最终 72℃延伸 10 min。电泳检测不同材料 *EF* 扩增亮度差异，适当调整模板量，再次扩增，以保证所有材料 *EF* 亮度一致。

目的基因的扩增：按调整好的模板量加样，用目的基因特异引物、适当扩增条件（不同引物的退火温度，延伸时间及循环数都有差异）进行目的基因的扩增。

4. Real-time PCR

首先提取高质量的 RNA，然后用 DNase Ⅰ（TaKaRa，5 U/μL）处理 RNA 样品，反应体系如下：

体 系	10 μL
Total RNA	4 μg（可处理 2~5 μg）
Dnase Ⅰ	1 μL
DEPC H$_2$O	至 10 μL

体系混匀后轻离心，37℃处理 20~30 min 后 70℃处理 10 min 使 DNase I 变性（PCR 仪中完成），变性完的样品在 –80℃保存备用。同时取 1 μL 样品跑胶检测 RNA 质量，另外取 1 μL 用 Nanodrop 微量核酸蛋白仪测定 RNA 的含量。

采用 Super Script™ II RNase H Reverse Transcriptase（Invitrogen 公司）和 Random primer 进行反转录，主要体系及步骤如下：

Random primer	0.5 μL (0.1~0.5 μL)
dNTP	1 μL
Total RNA	2 μg (0.5 ~5 μg)
DEPC 水	至 13 μL

65℃，5 min，冰上 1 min，轻甩。

5 × First-stand buffer	4 μL
0.1 mol/L DTT	2 μL

轻弹管底混匀，25℃，2 min，加入 Super Script™ II RNase H Reverse Transcriptase 1 μL，用吸头轻轻吹吸混匀，25℃，10 min，42℃，50 min，70℃，15 min。采用 ABI PRISM 7500 Real-time PCR System (Applied Biosystems, Foster City, CA, USA) 仪器和 ABI POWER SYBR GREEN PCR MASTER MIX 试剂盒进行定量 PCR 反应。反应体系如下：

体系	20 μL
Kit MIX	10 μL
Primer（1 μmol/L）	2 μL
模板	15~30 μg
ddH$_2$O	至 20 μL

混匀反应体系后，用离心机轻甩样品至无气泡，置 Real-time PCR 仪中，反应条件设置为：95℃，10 min，95℃，15 s，共 40 个循环，60℃，1 min，以内标基因 *18S* 为对照，反应结束后进行数据处理。

六、拟南芥原生质体的提取及转化

1. 所需溶液的配制（表6-5至表6-7）

表 6-5　母液的配制

成 分	分子量	产 地	母液浓度	200 mL
$CaCl_2$	111.0	Sigma	1 mol/L	22.2 g
$MgCl_2$	203.3	Sigma	1.5 mol/L	60.99 g
KCl	74.55	Amresco	0.2 mol/L	2.982 g
MES	195.2	Sigma	0.2 mol/L	7.808 g（Tris 调 pH 值至 5.7）
Mannitol	182.2	Amresco	1 mol/L	36.434 g
NaCl	58.44	Merck	1.54 mol/L	17.999 5 g

表 6-6　酶解液（20 mL）

成 分	母液浓度	终浓度	配制体积（20 mL）
纤维素酶 R10（cellulase R10）		1%~1.5%	0.2 ~0.3 g
解析酶 R10（macerozyme R10）		0.2%~0.4%	0.04%~0.08%
Mannitol	1 mol/L	0.4 mol/L	8 mL
KCl	0.2 mol/L	20 mmol/L	2 mL
MES	0.2 mol/L（pH= 5.7）	20 mmol/L	2 mL

　　55℃加热10 min 以灭活蛋白酶和增强酶的可溶性，之后冷却至室温再加下列成分（表6-7）。

表 6-7　配制表

成 分	母液浓度	终浓度	配制体积（20 mL）
$CaCl_2$	1 mol/L	10 mmol/L	0.2 mL
β- 巯基乙醇		5 mmol/L	可选
BSA（Sigma A-6793）		0.1%	0.02 g
dd H_2O			7.8 mL

　　PEG 溶液（40%，*V/V*）：

　　　　PEG4000（Fluka，#81240）　　4 g

　　　　dd H_2O　　　　　　　　　　3 mL

　　　　0.8 mol/L Mannitol　　　　　　2.5 mL

　　　　1 mol/L $CaCl_2$　　　　　　　　1 mL

W5 溶液：

NaCl	154 mmol/L
CaCl$_2$	125 mmol/L
KCl	5 mmol/L
MES	2 mmol/L（pH=5.7）

MMg 溶液：

Mannitol	0.4 mol/L
MgCl$_2$	15 mmol/L
MES	4 mmol/L（pH=5.7）

2. 质粒提取和纯化

挑选单克隆接种到 2~5 mL 氨苄（或者其他对应的抗生素）抗性的 LB 液体中，37℃摇培过夜；以 1∶1 000 转接到 40 mL 的液体中（摇菌容器体积是液体的 4 倍以上），37℃摇培 12~16 h；4℃，6 000 r/min 离心 15 min 收集菌体，弃上清液；用 4 mL P1 buffer 悬起菌体，可涡旋或颠倒混匀，加入 4 mL P2 buffer，颠倒混匀，室温放置不要超过 5 min（P2 buffer 用完后要盖好，防止空气中 CO$_2$ 的氧化），加入 4 mL P3 buffer（可提前置于冰上），颠倒混匀 4~6 次，冰上放置 15 min；4℃，6 000 r/min 离心 30 min，将上清转移到新的离心管中，重复上一步；用 4 mL QBT buffer 平衡 QIAGEN-tip 柱子，直到柱子的树脂层完全被浸湿且 QBT buffer 全部滴完；将上清倒入 QIAGEN-tip 柱子，让液体靠重力作用通过树脂层，丢弃滤液；用 10 mL QC buffer 润洗柱子 2 次；用 5 mL 65℃预热的 QF buffer 洗脱柱子，收集洗脱液；加入 3.5 mL 异丙醇，室温沉淀 DNA，12 000 r/min 离心 10 min，弃上清液；用 70% 乙醇洗涤沉淀，弃上清液，干燥 DNA，用双蒸水溶解，−20℃保存。

3. 拟南芥原生质体的提取和 PEG 法瞬时转化

准备实验材料：在短日照温室中（10 h 光照 /14 h 黑暗）生长的拟南芥野生型材料，取生长 4~5 周的叶片用于提取原生质体。转化前先配制好酶解液、PEG 溶液、W5 溶液、MMG 溶液，所有操作均在 23℃进行，所有用到的吸头都是头部剪过的。

实验方法为：吸取 0.4 mol/L mannitol 滴至塑料平皿上，将叶片置于其上，用锋利的单面刀片快速切叶片成 0.5~1 mm 的叶条，将叶条置于预先装有适量酶解液的三角瓶中［据要转化 DNA 样品数的多少来确定需要消化叶片的量，

5~10 mL 的酶液可消化 10~20 片叶子，可产生（0.5~1）× 10^6 个原生质体足够 50~100 份样品转化]；室温，暗处放置消化 2.5~3 h（之后的操作要尽可能的轻柔），此时，酶液由褐色变为绿色，镜检酶解效果，用 35~75 mm 的尼龙膜过滤包含有原生质体的酶液于圆底离心管中，100×g 离心 1~2 min；轻轻吸弃上清液，加预冷的 W5 溶液，缓缓悬起原生质体，100×g 再沉淀 1~2 min；轻轻吸弃上清液，加入适量预冷的 W5 溶液，使原生质体浓度达到（1~2）× 10^5 个 /mL，冰上放置 30 min；转化前 100×g 离心 1 min，以（1~2）× 10^5 个 /mL 浓度重悬于 MMg 溶液。取 20 µL 质粒 DNA（20~40 µg）于 1.5 mL 的离心管中；加 200 µL 的原生质体至有质粒的离心管中（4 × 10^4 个原生质体），用剪过头部的吸头，轻轻混匀；依次加 220 µL 的 PEG/Ca^{2+} 溶液，轻轻混匀，23℃放置 5~30 min；加入 800 µL 的 W5 溶液，充分轻轻混匀；100×g 离心 1 min，去掉 PEG；轻轻重悬原生质体于 1 mL 的 W5 溶液中；放于 23℃光照培养箱，12 h 之后可用于 Confocal 或 CCD 观察。

七、植株钾、锂含量测定

将 MS 培养基上生长 7 d 的不同材料分别移入 MS 对照和含 30 mM LiCl 的 MS 处理培养基上，生长 5 d 后分根、冠取材。取材时，勿粘上培养基，需标明材料名称及根冠，分别置于培养皿中的称量纸上，80℃烘箱烘至恒重，分析天平称量干重后放入标记好的坩埚中，在马弗炉中 300℃炭化 1 h，通风 30 min，575℃灰化 5 h 后溶于 10 mL 0.1mol/L HCl 中，据干重值来确定稀释比例，稀释完成之后，用日立 Z5000 型火焰原子吸收分光光度计的钾灯、锂灯分别测定溶液钾、锂浓度，根据干重计算植株的钾含量。

八、酵母双杂交实验

PEG 法转化酵母：用接菌环取 AH109 划线于固体培养基 YPDA 上，28℃培养；挑取 AH109 酵母单菌落于装有 YPDA 培养液的三角瓶中，30℃，250 r/min 摇菌至 OD_{600}=1.6~1.8，约需 16 h；按 1：10 转接，摇至 OD_{600}=1.0~1.2；室温，1 000×g 离心 5 min 集菌，用 1/2 体积的灭菌超纯水重悬；室温，1 000×g 离心 5 min 集菌，弃尽上清；依次加入下列成分（每 5 mL 原始菌液）：

PEG4000（50% *W/V*）	240 μL
1.0 mol/L LiAc	36 μL
ssDNA（5.0 mg/mL）	10 μL
ddH$_2$O 和质粒 DNA	50 μL（0.1~10 μg）

涡旋 1 min，使转化体系完全混匀；放于 30℃ 的水浴温育 30 min，再放入 42℃ 的水浴热击 25~30 min，冰上冷却；6 000~8 000 ×g 离心 15 s，弃上清液，用 1 mL 的无菌水轻轻重悬沉淀；取 200 μL 转化混合物铺于营养缺陷型平板上，30℃ 培养 2~4 d 观察并鉴定结果。

利用 TIANGEN 公司的酵母质粒小提试剂盒提取酵母质粒。电击法转化质粒：取感受态细胞于冰上，且在冰上预冷 0.1 cm 的电击杯；取 1~2 μL 的 DNA 样品与 40 μL 感受态细胞混匀，在冰上 1 min；将 DNA 与细胞混合物加入预冷的电击杯。放入小腔，按下 Pulse 键；取出电极杯，立即加入 1 mL 的 LB 液体培养基；37℃，225 r/min 温育 1 h，涂于选择性平板上。

β - 半乳糖苷酶活性分析：提前准备好灭过菌的滤纸（75 mm 的滤纸适于 100 mm 的平皿），液氮，涂布器，直径 100 mm 的空平皿。

将两张合适大小的滤纸置于 100 mm 的空平皿中，取 2 mL 的 Z 缓冲液 / X-gal 溶液润透 2 张滤纸；小心取一张滤纸覆盖于生长有阳性克隆的平皿上，用涂棒小心赶出气泡，使滤纸尽可能与酵母菌接触；标记菌落位置，轻轻取出滤纸，置液氮中 1 min；夹出滤纸，室温解冻；沾有菌落的面朝上，紧贴于预先用 Z 缓冲液 /X-gal 溶液润透过的那张滤纸上，同时吸掉多余的 Z 缓冲液 / X-gal 溶液；放置于 30℃ 温箱，适时观察显色情况；据所做的标记，确定显色的菌落，以做进一步分析。

参考文献

马天利，2012. 水稻响应低钾胁迫的转录组分析及拟南芥蛋白激酶 CIPK18 参与 LiCl 胁迫的实验证据 [D]. 北京：中国农业大学．

王甜甜，郝怀庆，冯雪，等，2018. 植物 HKT 蛋白耐盐机制研究进展 [J]. 植物学报，53(5)：710-725．

周为群，朱琴玉，2014. 普通化学 [M]. 第 2 版 . 苏州：苏州大学出版社．

贾之慎，2014. 无机及分析化学 [M]. 第 2 版 . 北京：中国农业大学出版社．

AMMARI T G, AL-ZU'BI Y, ABU-BAKER S, et al., 2011. The occurrence of lithium in the environment of the Jordan Valley and its transfer into the food chain[J]. Environmental Geochemistry and Health, 33(5): 427-437.

ARAL H, VECCHIO-SADUS A, 2008. Toxicity of lithium to humans and the environment-a literature review[J]. Ecotoxicology and Environmental Safety, 70(3): 349-356.

ALDA M, 2015. Lithium in the treatment of bipolar disorder: pharmacology and pharmacogenetics[J]. Molecular Psychiatry, 20(6):661-670.

ALLISON J H, STEWART M A,1971. Reduced brain inositol in lithium-treated rats[J]. Nature New Biology, 233(43): 267-268.

AMARI L, LAYDEN B, RONG Q, et al.,1999. Comparison of fluorescence, 31P NMR, and 7Li NMR spectroscopic methods for investigating Li^+/Mg^{2+} competition for biomolecules[J]. Analytical Biochemistry, 272(1): 1-7.

ANTONKIEWICZ J, JASIEWICZ C, KONCEWICZ-BARAN M, et al., 2017. Determination of lithium bioretention by maize under hydroponic conditions[J]. Archives of Environmental Protection, 43(4): 94-104.

ARAL H, VECCHIO-SADUS A, 2008. Toxicity of lithium to humans and the environment a literature review[J]. Ecotoxicology and Environmental Safety, 70(3): 349-356.

ALLEN R D,1995. Dissection of oxidative stress tolerance using transgenic plants[J]. Plant Physiology, 107(4): 1049.

AMTMANN A, FISCHER M, MARSH E L, et al., 2001. The wheat cDNA LCT1 generates hypersensitivity to sodium in a salt-sensitive yeast strain[J]. Plant Physiology, 126(3): 1061-1071.

AN R, CHEN Q J, CHAI M F, et al., 2007. AtNHX8, a member of the monovalent cation: proton antiporter - 1 family in *Arabidopsis thaliana*, encodes a putative Li^+/H^+ antiporter[J]. The Plant Journal, 49(4): 718-728.

ANTOSIEWICZ D M, HENNIG J,2004. Overexpression of LCT1 in tobacco enhances the protective action of calcium against cadmium toxicity[J]. Environmental Pollution, 129(2): 237-245.

APEL K, HIRT H, 2004. Reactive oxygen species: metabolism, oxidative stress, and signal transduction[J]. Annual Review of Plant Biology, 55: 373-399.

APSE M P, SOTTOSANTO J B, BLUMWALD E,2003. Vacuolar cation/H^+ exchange, ion homeostasis, and leaf development are altered in a T-DNA insertional mutant of AtNHX1, the *Arabidopsis vacuolar* Na^+/H^+ antiporter[J]. The Plant Journal, 36(2): 229-239.

ALBRECHT V, RITZ O, LINDER S, et al., 2001. The NAF domain defines a novel protein–protein interaction module conserved in Ca^{2+}-regulated kinases[J]. The EMBO Journal, 20(5): 1051-1063.

ALLEN G J, CHU S P, HARRINGTON C L, et al., 2001. A defined range of guard cell calcium oscillation parameters encodes stomatal movements[J]. Nature, 411(6841): 1053-1057.

Adams D O, Yang S F,1977. Methionine metabolism in apple tissue: implication of S-adenosylmethionine as an intermediate in the conversion of methionine to ethylene[J]. Plant Physiology, 60(6): 892-896.

AN R, CHEN Q J, CHAI M F, et al., 2007. AtNHX8, a member of the monovalent cation: proton antiporter-1 family in *Arabidopsis thaliana*, encodes a putative Li^+/H^+ antiporter[J]. The Plant Journal, 49(4): 718-728.

BONINO C A, JI L, LIN Z, et al., 2011. Electrospun carbon-tin oxide composite nanofibers for use as lithium ion battery anodes[J]. ACS Applied Materials & Interfaces, 3(7): 2534-2542.

Bakhat H F, Rasul K, Farooq A B U, et al., 2019. Growth and physiological response of spinach to various lithium concentrations in soil[J]. Environmental Science and Pollution Research: 1-9.

BARTOLO M E, CARTER J V,1992. Lithium decreases cold-induced microtubule depolymerization in mesophyll cells of spinach[J]. Plant Physiology, 99(4): 1716-1718.

BEAULIEU J M, Caron M G, 2008. Looking at lithium: molecular moods and complex behaviour[J]. Molecular Interventions, 8(5): 230-241.

BECKER R W, TYOBEKA E M,1990. Lithium enhances the proliferation of HL-60 promyelocytic leukemia cells[J]. Leukemia Research, 14(10): 879-884.

BERRIDGE M J, DOWNES C P, HANLEY M R,1989. Neural and developmental actions of lithium: A unifying hypothesis[J]. Cell, 59: 411-419.

BIRCH N J, 2012. Lithium and the cell: pharmacology and biochemistry[M]. Academic Press, London.

BROGÅRDH T, JOHNSSON A, 1974. Effects of lithium on stomatal regulation[J]. Zeitschrift für Naturforschung C, 29(5-6): 298-300.

BOLLER T, 1984. Superinduction of ACC synthase in tomato pericarp by lithium ions[M]. Ethylene. Springer, Dordrecht, 87-88.

BUESO E, ALEJANDRO S, CARBONELL P, et al., 2007. The lithium tolerance of the *Arabidopsis cat2* mutant reveals a cross-talk between oxidative stress and ethylene[J]. The Plant Journal, 52(6): 1052-1065.

BABA A I, RIGÓ G, AYAYDIN F, et al., 2018. Functional analysis of the *Arabidopsis thaliana* CDPK-related kinase family: *AtCRK1* regulates responses to continuous light[J]. International Journal of Molecular Sciences, 19(5): 1282.

BATISTIČ O, KUDLA J, 2004. Integration and channeling of calcium signaling through the CBL calcium sensor/CIPK protein kinase network[J]. Planta, 219(6): 915-924.

BATISTIČ O, WAADT R, STEINHORST L, et al., 2010. CBL - mediated targeting of CIPKs facilitates the decoding of calcium signals emanating from distinct cellular stores[J]. The Plant Journal, 61(2): 211-222.

BEHERA S, LONG Y, SCHMITZ-THOM I, et al., 2017. Two spatially and temporally distinct Ca^{2+} signals convey *Arabidopsis thaliana* responses to K^+ deficiency[J]. New Phytologist, 213(2): 739-750.

BERTORELLO A M, ZHU J K, 2009. SIK1/SOS2 networks: decoding sodium signals via calcium-responsive protein kinase pathways[J]. Pflügers Archiv-European Journal of Physiology, 458(3): 613.

BOUDSOCQ M, SHEEN J, 2013. CDPKs in immune and stress signaling[J]. Trends in Plant Science, 18(1): 30-40.

BUSH D S, 1995. Calcium regulation in plant cells and its role in signaling[J]. Annual Review of Plant Biology, 46(1): 95-122.

BERRIDGE M J, DOWNES C P, HANLEY M R, 1989. Neural and developmental actions of lithium: a unifying hypothesis[J]. Cell, 59(3): 411-419.

BLEECKER A B, KENDE H, 2000. Ethylene: a gaseous signal molecule in plants[J]. Annual Review of Cell and Developmental Biology, 16(1): 1-18.

BOLLER T, 1984. Superinduction of ACC synthase in tomato pericarp by lithium ions[M]. Ethylene. Springer, Dordrecht, 87-88.

BUESO E, ALEJANDRO S, CARBONELL P, et al., 2007. The lithium tolerance of the *Arabidopsis cat2* mutant reveals a cross - talk between oxidative stress and ethylene[J]. The

Plant Journal, 52(6): 1052-1065.

CONCHA G, BROBERG K, GRANDÉR M, et al., 2010. High-level exposure to lithium, boron, cesium, and arsenic via drinking water in the Andes of northern Argentina[J]. Environmental Science & Technology, 44(17): 6875-6880.

CUBILLOS C F, AGUILAR P, GRÁGEDA M, et al., 2018. Microbial communities from the world's largest lithium reserve, Salar de Atacama, Chile: Life at high LiCl concentrations[J]. Journal of Geophysical Research: Biogeosciences, 123(12): 3668-3681.

CADE J F J,1947. The anticonvulsant properties of creatinine[J]. The Medical Journal of Australia, 2:621-623.

CADE J F J,1949. Lithium salts in the treatment of psychotic excitement[J]. The Medical Journal of Australia, 2(10):349-352.

CASTILLO-QUAN J I, LI L, KINGHORN K J, et al., 2016. Lithium promotes longevity through GSK3/NRF2-dependent hormesis[J]. Cell Reports, 15(3): 638-650.

CHMIELNICKA J, NASIADEK M, 2003. The trace elements in response to lithium intoxication in renal failure[J]. Ecotoxicology and Environmental Safety, 55(2): 178-183.

CLEMENS S, PALMGREN M G, KRÄMER U, 2002. A long way ahead: understanding and engineering plant metal accumulation[J]. Trends in Plant Science, 7(7): 309-315.

CHEONG Y H, KIM K N, PANDEY G K, et al., 2003. CBL1, a calcium sensor that differentially regulates salt, drought, and cold responses in *Arabidopsis*[J]. The Plant Cell, 15(8): 1833-1845.

CHEONG Y H, SUNG S J, KIM B G, et al., 2010. Constitutive overexpression of the calcium sensor CBL5 confers osmotic or drought stress tolerance in *Arabidopsis*[J]. Molecules and cells, 29(2): 159-165.

CHÉREL I, LEFOULON C, BOEGLIN M, et al., 2014. Molecular mechanisms involved in plant adaptation to low K^+ availability[J]. Journal of Experimental Botany, 65(3): 833-848.

CHIKANO H, OGAWA M, IKEDA Y, et al., 2001. Two novel genes encoding SNF1-related protein kinases from *Arabidopsis thaliana*: differential accumulation of *AtSR1* and *AtSR2* transcripts in response to cytokinins and sugars, and phosphorylation of sucrose synthase by AtSR2[J]. Molecular and General Genetics MGG, 264(5): 674-681.

DOLARA P, 2014. Occurrence, exposure, effects, recommended intake and possible dietary use of selected trace compounds (aluminium, bismuth, cobalt, gold, lithium, nickel, silver)[J]. International Journal of Food Sciences and Nutrition, 65(8): 911-924.

DUBEY R S,1996. Photosynthesis in plants under stressful conditions[J]. Handbook of Photosynthesis, 859-875.

DWYER F J, BURCH S A, INGERSOLL C G, et al.,1992. Toxicity of trace element and salinity mixtures to striped bass (*Morone saxatilis*) and *Daphnia magna*[J]. Environmental Toxicology and Chemistry: An International Journal, 11(4): 513-520.

DANGL J L, DIETRICH R A, THOMAS H, 2000. Senescence and programmed cell death[J]. In: Buchanan B, Gruissem W, Jones R (eds). Biochemistry and Molecular Biology of Plants. Maryland: American Society of Plant Physiologists, Rockville, 1044-1100.

DEMIDCHIK V, DAVENPORT R J, TESTER M, 2002. Nonselective cation channels in plants[J]. Annual Review of Plant Biology, 53(1): 67-107.

DENG J, YANG X, SUN W, et al., 2020. The calcium sensor CBL2 and its interacting kinase CIPK6 are involved in plant sugar homeostasis via interacting with tonoplast sugar transporter TST2[J]. Plant Physiology, 183(1): 236-249.

DUBEAUX G, NEVEU J, ZELAZNY E, et al., 2018. Metal sensing by the IRT1 transporter-receptor orchestrates its own degradation and plant metal nutrition[J]. Molecular Cell, 69(6): 953-964.

FRANZARING J, SCHLOSSER S, DAMSOHN W, et al., 2016. Regional differences in plant levels and investigations on the phytotoxicity of lithium[J]. Environmental Pollution, 216: 858-865.

FORMENT J, NARANJO M Á, ROLDÁN M, et al., 2002. Expression of *Arabidopsis* SR - like splicing proteins confers salt tolerance to yeast and transgenic plants[J]. The Plant Journal, 30(5): 511-519.

FÖRSTER S, SCHMIDT L K, KOPIC E, et al., 2019. Wounding-induced stomatal closure requires jasmonate-mediated activation of GORK K$^+$ channels by a Ca^{2+} sensor-kinase CBL1-CIPK5 complex[J]. Developmental cell, 48(1): 87-99.

FUGLSANG A T, GUO Y, CUIN T A, et al., 2007. *Arabidopsis* protein kinase PKS5 inhibits the plasma membrane H$^+$-ATPase by preventing interaction with 14-3-3 protein[J]. The Plant Cell, 19(5): 1617-1634.

FORMENT J, NARANJO M Á, ROLDÁN M, et al., 2002. Expression of *Arabidopsis* SR-like splicing proteins confers salt tolerance to yeast and transgenic plants[J]. The Plant Journal, 30(5): 511-519.

GOLDSTEIN M R, MASCITELLI L, 2016. Is violence in part a lithium deficiency state?[J]. Medical Hypotheses, 89: 40-42.

GU F, GUO J, YAO X, et al., 2017. An investigation of the current status of recycling spent lithium-ion batteries from consumer electronics in China[J]. Journal of Cleaner Production, 161: 765-780.

GALLICCHIO V S, CHEN M G, 1981. Influence of lithium on proliferation of hematopoietic stem cells[J]. Experimental Hematology, 9(7): 804-810.

78

GANI D, DOWNES C P, BATTY I, et al., 1993. Lithium and myo-inositol homeostasis[J]. Biochimica et Biophysica Acta (BBA)-Molecular Cell Research, 1177(3): 253-269.

GOLDSTEIN M R, MASCITELLI L, 2016. Is violence in part a lithium deficiency state?[J]. Medical Hypotheses, 89: 40-42.

GOULD T D, CHEN G, MANJI H K, 2002. Mood stabilizer psychopharmacology[J]. Clinical Neuroscience Research, 2(3-4): 193-212.

GRANDJEAN E M, AUBRY J M, 2009. Lithium: updated human knowledge using an evidence-based approach[J]. CNS Drugs, 23(5): 397-418.

GILLASPY G E, KEDDIE J S, ODA K, et al., 1995. Plant inositol monophosphatase is a lithium-sensitive enzyme encoded by a multigene family[J]. The Plant Cell, 7(12): 2175-2185.

GLASER H U, THOMAS D, GAXIOLA R, et al., 1993. Salt tolerance and methionine biosynthesis in *Saccharomyces cerevisiae* involve a putative phosphatase gene[J]. The EMBO Journal, 12: 3105-3110.

GEIGER D, BECKER D, VOSLOH D, et al., 2009. Heteromeric AtKC1·AKT1 channels in *Arabidopsis* roots facilitate growth under K^+-limiting conditions[J]. Journal of Biological Chemistry, 284(32): 21288-21295.

GONG D, GUO Y, JAGENDORF A T, et al., 2002. Biochemical characterization of the *Arabidopsis* protein kinase SOS2 that functions in salt tolerance[J]. Plant Physiology, 130(1): 256-264.

GUO Y, HALFTER U, ISHITANI M, et al., 2001. Molecular characterization of functional domains in the protein kinase SOS2 that is required for plant salt tolerance[J]. The Plant Cell, 13(6): 1383-1400.

GUO Y, XIONG L, SONG C P, et al., 2002. A calcium sensor and its interacting protein kinase are global regulators of abscisic acid signaling in *Arabidopsis*[J]. Developmental cell, 3(2): 233-244.

GILLASPY G E, KEDDIE J S, ODA K, et al., 1995. Plant inositol monophosphatase is a lithium-sensitive enzyme encoded by a multigene family[J]. The Plant Cell, 7(12): 2175-2185.

GIL-MASCARELL R, LÓPEZ-CORONADO J M, BELLÉS J M, et al., 1999. The *Arabidopsis* *HAL2*-like gene family includes a novel sodium-sensitive phosphatase[J]. The Plant Journal, 17(4): 373-383.

GLÄSER H U, THOMAS D, GAXIOLA R, et al., 1993. Salt tolerance and methionine biosynthesis in *Saccharomyces cerevisiae* involve a putative phosphatase gene[J]. The EMBO Journal, 12(8): 3105-3110.

HABASHI F, 1997. Handbook of extractive metallurgy[M]. New York: Wiley-VCH.

HAMILTON S J, 1995. Hazard assessment of inorganics to three endangered fish in the Green River, Utah[J]. Ecotoxicology and Environmental Safety, 30(2): 134-142.

HAWRYLAK-NOWAK B, KALINOWSKA M, SZYMAŃSKA M, 2012. A study on selected physiological parameters of plants grown under lithium supplementation[J]. Biological Trace Element Research, 149(3): 425-430.

HOU L, HEILBRONNER U, DEGENHARDT F, et al., 2016. Genetic variants associated with response to lithium treatment in bipolar disorder: a genome-wide association study[J]. Lancet, 387(10023):1085-1093.

HE B, YANG X E, WEI Y Z, et al., 2002. A new lead resistant and accumulating ecotype— *Sedum alfredii* H[J]. Acta Botanica Sinica, 44(11): 1365-1370.

HUANG L, KUANG L, WU L, et al., 2020. The HKT transporter HvHKT1; 5 negatively regulates salt tolerance[J]. Plant Physiology, 182(1): 584-596.

HASHIMOTO K, KUDLA J, 2011. Calcium decoding mechanisms in plants[J]. Biochimie, 93(12): 2054-2059.

HEDRICH R, KUDLA J, 2006. Calcium signaling networks channel plant K^+ uptake[J]. Cell, 125(7): 1221-1223.

HELD K, PASCAUD F, ECKERT C, et al., 2011. Calcium-dependent modulation and plasma membrane targeting of the AKT2 potassium channel by the CBL4/CIPK6 calcium sensor/protein kinase complex[J]. Cell Research, 21(7): 1116-1130.

HEPLER P K,2005. Calcium: a central regulator of plant growth and development[J]. The Plant Cell, 17(8): 2142-2155.

HRABAK E M, Chan C W M, Gribskov M, et al., 2003. The *Arabidopsis* CDPK-SnRK superfamily of protein kinases[J]. Plant Physiology, 132(2): 666-680.

HUANG C, DING S, ZHANG H, et al., 2011. CIPK7 is involved in cold response by interacting with CBL1 in *Arabidopsis thaliana*[J]. Plant Science, 181(1): 57-64.

IMRAN S, HORIE T, KATSUHARA M, 2020. Expression and ion transport activity of rice OsHKT1; 1 variants[J]. Plants, 9(1): 16.

ISHITANI M, LIU J, HALFTER U, et al., 2000. SOS3 function in plant salt tolerance requires N-myristoylation and calcium binding[J]. The Plant Cell, 12(9): 1667-1677.

JAEGER A, 2003. Lithium Medicine[M]. Oxford: Medicine Publishing.

JIANG L, WANG L, MU S Y, et al., 2014. *Apocynum venetum*: A newly found lithium accumulator[J]. Flora-Morphology, Distribution, Functional Ecology of Plants, 209(5-6): 285-289.

JIANG L, WANG L, TIAN C Y, 2018. High lithium tolerance of *Apocynum venetum* seeds during germination[J]. Environmental Science and Pollution Research, 25(5): 5040-5046.

JIANG M, ZHAO C, ZHAO M, et al., 2020. Phylogeny and Evolution of Calcineurin B-Like (CBL) Gene Family in Grass and Functional Analyses of Rice CBLs[J]. Journal of Plant Biology, 1-14.

KABATA-PENDIAS A, MUKHERJEE A B, 2007. Trace elements from soil to human[M]. Berlin: Springer.

KANG D H P, CHEN M, OGUNSEITAN O A, 2013. Potential environmental and human health impacts of rechargeable lithium batteries in electronic waste[J]. Environmental Science & Technology, 47(10): 5495-5503.

KAPUSTA N D, MOSSAHEB N, ETZERSDORFER E, et al., 2011. Lithium in drinking water and suicide mortality[J]. The British Journal of Psychiatry, 198(5): 346-350.

KUMAR Y B, REDDY B E, CAMPBELL S W, et al., 2020.Discovery of ubiquitous lithium production in low-mass stars[J]. Nature Astronomy, 1-5.

KABATA-PENDIAS A, MUKHERJEE A B, 2007. Trace elements from soil to human[M]. Springer, Berlin, 87-93.

KALINOWSKA M, HAWRYLAK-NOWAK B, SZYMAŃSKA M, 2013. The influence of two lithium forms on the growth, L-ascorbic acid content and lithium accumulation in lettuce plants[J]. Biological Trace Element Research, 152(2): 251-257.

KATO T, FUJII K, SHIOIRI T, et al.,1996. Lithium side effects in relation to brain lithium concentration measured by lithium-7 magnetic resonance spectroscopy[J]. Progress in Neuro-Psychopharmacology and Biological Psychiatry, 20(1): 87-97.

KESSING L V, GERDS T A, KNUDSEN N N, et al., 2017. Association of lithium in drinking water with the incidence of dementia[J]. JAMA Psychiatry, 74(10): 1005-1010.

KING M T, BEIKIRCH H, ECKHARDT K, et al., 1979. Mutagenicity studies with X-ray-contrast media, analgesics, antipyretics, antirheumatics and some other pharmaceutical drugs in bacterial, Drosophila and mammalian test systems[J]. Mutation Research/Genetic Toxicology, 66(1): 33-43.

KJØLHOLT, J, STUER-LAURIDSEN F, SKIBSTED MOGENSEN A, et al., 2003. The elements in the second rank-Lithium[M]. Miljoministeriet, Copenhagen, Denmark.

KRÄMER U, PICKERING I J, PRINCE R C, et al., 2000. Subcellular localization and speciation of nickel in hyperaccumulator and non-accumulator *Thlaspispecies*[J]. Plant Physiology, 122(4): 1343-1354.

KUSHAD M M, YELENOSKY G, KNIGHT R, 1988. Interrelationship of polyamine and ethylene biosynthesis during avocado fruit development and ripening[J]. Plant Physiology, 87(2): 463-467.

LIAUGAUDAITE V, MICKUVIENE N, RASKAUSKIENE N, et al., 2017. Lithium levels in the public drinking water supply and risk of suicide: a pilot study[J]. Journal of Trace Elements in Medicine and Biology, 43: 197-201.

LÉONARD A, HANTSON P, GERBER G B, 1995. Mutagenicity, carcinogenicity and teratogenicity of lithium compounds[J]. Mutation Research/Reviews in Genetic Toxicology, 339(3): 131-137.

LEVITT L J, QUESENBERRY P J, 1980. The effect of lithium on murine hematopoiesis in a liquid culture system[J]. New England Journal of Medicine, 302(13): 713-719.

LONG K E, BROWN JR R P, WOODBURN K B, 1998. Lithium chloride: a flow-through embryo-larval toxicity test with the fathead minnow, *Pimephales promelas* Rafinesque[J]. Bulletin of Environmental Contamination and Toxicology, 60(2): 312-317.

LÓPEZ-MUÑOZ F, SHEN W W, D'OCON P, et al., 2018. A history of the pharmacological treatment of bipolar disorder[J]. International Journal of Molecular Sciences, 19(7): 2143.

LUYKX J J, GIULIANI F, GIULIANI G, et al., 2019. Coding and non-coding RNA abnormalities in bipolar disorder[J]. Genes (Basel), 10(11):946.

LALOI C, APEL K, DANON A, 2004. Reactive oxygen signalling: the latest news[J]. Current opinion in Plant Biology, 7(3): 323-328.

LIANG X, SHEN N F, THEOLOGIS A,1996. Li^+-regulated *1-aminocyclopropane-1-carboxylate synthase* gene expression in *Arabidopsis thaliana*[J]. The Plant Journal, 10(6): 1027-1036.

LIN C C, CHEN L M, LIU Z H, 2005. Rapid effect of copper on lignin biosynthesis in soybean roots[J]. Plant Science, 168(3): 855-861.

LEE K W, CHEN P W, LU C A, et al., 2009. Coordinated responses to oxygen and sugar deficiency allow rice seedlings to tolerate flooding[J]. Science Signaling, 2(91): ra61-ra61.

LEE S C, LAN W Z, KIM B G, et al., 2007. A protein phosphorylation/dephosphorylation network regulates a plant potassium channel[J]. Proceedings of the National Academy of Sciences, 104(40): 15959-15964.

LI J, LONG Y, QI G N, et al., 2014. The Os-AKT1 channel is critical for K^+ uptake in rice roots and is modulated by the rice CBL1-CIPK23 complex[J]. The Plant Cell, 26(8): 3387-3402.

LIN H, YANG Y, QUAN R, et al., 2009. Phosphorylation of SOS3-LIKE CALCIUM BINDING PROTEIN8 by SOS2 protein kinase stabilizes their protein complex and regulates salt tolerance in *Arabidopsis*[J]. The Plant Cell, 21(5): 1607-1619.

LIU L L, REN H M, CHEN L Q, et al., 2013. A protein kinase, calcineurin B-like protein-interacting protein Kinase9, interacts with calcium sensor calcineurin B-like Protein3 and regulates potassium homeostasis under low-potassium stress in *Arabidopsis*[J]. Plant

82

Physiology, 161(1): 266-277.

LUAN S, KUDLA J, RODRIGUEZ-CONCEPCION M, et al., 2002. Calmodulins and calcineurin B–like proteins: Calcium sensors for specific signal response coupling in plants[J]. The Plant Cell, 14(suppl 1): S389-S400.

MASON B, 1974. Principles of geochemistry[M]. 3rd edn. Wiley, New York.

MAKUS D J, ZIBILSKE L, LESTER G, 2006. Effect of light intensity, soil type, and lithium addition on spinach and mustard greens leaf constituents[J]. Subtropical Plant Science, 58:35-41.

MALHI G S, OUTHRED T, 2016. Therapeutic mechanisms of lithium in bipolar disorder: recent advances and current understanding. CNS Drugs, 30(10):931-949.

MARTINEZ N E, SHARP J L, JOHNSON T E, et al., 2018. Reflectance-based vegetation index assessment of four plant species exposed to lithium chloride[J]. Sensors, 18(9): 2750.

MILTON N M, AGER C M, EISWERTH B A, et al., 1989. Arsenic-and selenium-induced changes in spectral reflectance and morphology of soybean plants[J]. Remote Sensing of Environment, 30(3): 263-269.

MULKEY T J, 2007. Alteration of growth and gravitropic response of maize roots by lithium[J]. Gravitational and Space Research, 18(2):119-120.

MITTLER R, VANDERAUWERA S, GOLLERY M, et al., 2004. Reactive oxygen gene network of plants[J]. Trends in Plant science, 9(10): 490-498.

MURGUÍA J R, BELLÉS J M, SERRANO R, 1995. A salt-sensitive 3'(2'), 5'-bisphosphate nucleotidase involved in sulfate activation[J]. Science, 267(5195): 232-234.

MURGUÍA J R, BELLÉS J M, SERRANO R, 1996. The yeast HAL2 nucleotidase is an *in vivo* target of salt toxicity[J]. Journal of Biological Chemistry, 271(46): 29029-29033.

MAHAJAN S, PANDEY G K, TUTEJA N, 2008. Calcium-and salt-stress signaling in plants: shedding light on SOS pathway[J]. Archives of Biochemistry and Biophysics, 471(2): 146-158.

MAIERHOFER T, DIEKMANN M, OFFENBORN J N, et al., 2014. Site-and kinase-specific phosphorylation-mediated activation of SLAC1, a guard cell anion channel stimulated by abscisic acid[J]. Science Signaling, 7(342): ra86-ra86.

MCAINSH M R, HETHERINGTON A M, 1998. Encoding specificity in Ca^{2+} signalling systems[J]. Trends in Plant Science, 3(1): 32-36.

MCCORMACK E, TSAI Y C, BRAAM J, 2005. Handling calcium signaling: *Arabidopsis* CaMs and CMLs[J]. Trends in Plant Science, 10(8): 383-389.

NARANJO M A, ROMERO C, BELLÉS J M, et al., 2003. Lithium treatment induces a hypersensitive-like response in tobacco[J]. Planta, 217: 417-424.

NEIL S, DESIKAN R, HANCOCK J, 2002. Hydrogen peroxide signaling[J]. Current Opinion in Plant Biology, 5(5): 388-395.

NOZAWA A, KOIZUMI N, SANO H, 2001. An *Arabidopsis* SNF1-related protein kinase, AtSR1, interacts with a calcium-binding protein, AtCBL2, of which transcripts respond to light[J]. Plant and Cell Physiology, 42(9): 976-981.

NAHORSKI S R, RAGAN C I, CHALLISS R A J, 1991. Lithium and the phosphoinositide cycle: an example of uncompetitive inhibition and its pharmacological consequences[J]. Trends in Pharmacological Sciences, 12: 297-303.

NARANJO M A, ROMERO C, BELLÉS J M, et al., 2003. Lithium treatment induces a hypersensitive-like response in tobacco[J]. Planta, 217(3): 417-424.

OKUSA M D, CRYSTAL L J T, 1994. Clinical manifestations and management of acute lithium intoxication[J]. The American Journal of Medicine, 97(4): 383-389.

OHTA M, GUO Y, HALFTER U, et al., 2003. A novel domain in the protein kinase SOS2 mediates interaction with the protein phosphatase 2C ABI2[J]. Proceedings of the National Academy of Sciences, 100(20): 11771-11776.

OH S I, PARK J, YOON S, et al., 2008. The *Arabidopsis* calcium sensor calcineurin B-like 3 inhibits the 5′-methylthioadenosine nucleosidase in a calcium-dependent manner[J]. Plant Physiology, 148(4): 1883-1896.

PEET M, PRATT J P, 1993. Lithium. Current status in psychiatric disorders[J]. Drugs, 46: 7-17.

POMPILI M, VICHI M, DINELLI E, et al., 2015. Relationships of local lithium concentrations in drinking water to regional suicide rates in Italy[J]. The World Journal of Biological Psychiatry, 16(8): 567-574.

PAPIOL S, SCHULZE T G, ALDA M, 2018. Genetics of lithium response in bipolar disorder[J]. Pharmacopsychiatry, 51(5):206-211.

PISANU C, MELIS C, SQUASSINA A, 2016. Lithium pharmacogenetics: where do we stand[J]. Drug Development Research. 77(7):368-373.

PANDEY G K, CHEONG Y H, KIM K N, et al., 2004. The calcium sensor calcineurin B-like 9 modulates abscisic acid sensitivity and biosynthesis in *Arabidopsis*[J]. The Plant Cell, 16(7): 1912-1924.

PANDEY G K, GRANT J J, CHEONG Y H, et al., 2008. Calcineurin-B-like protein CBL9 interacts with target kinase CIPK3 in the regulation of ABA response in seed germination[J]. Molecular Plant, 1(2): 238-248.

QUIROZ J A, GOULD T D, MANJI H K, 2004. Molecular effects of lithium[J]. Molecular Interventions. 4(5):259-272.

QUIROZ J A, GOULD T D, MANJI H K, 2004. Molecular effects of lithium[J]. Molecular

Interventions, 4(5): 259-272.

QIU Q S, GUO Y, QUINTERO F J, et al., 2004. Regulation of vacuolar Na^+/H^+ exchange in *Arabidopsis thaliana* by the salt-overly-sensitive (SOS) pathway[J]. Journal of Biological Chemistry, 279(1): 207-215.

QUAN R, LIN H, MENDOZA I, et al., 2007. SCABP8/CBL10, a putative calcium sensor, interacts with the protein kinase SOS2 to protect *Arabidopsis* shoots from salt stress[J]. The Plant Cell, 19(4): 1415-1431.

ROSENTHAL N E, GOODWIN F K, 1982. The role of the lithium ion in medicine[J]. Annual Review of Medicine, 33(1): 555-568.

RIVERA A D, BUTT A M, 2019. Astrocytes are direct cellular targets of lithium treatment: novel roles for lysyl oxidase and peroxisome-proliferator activated receptor-γ as astroglial targets of lithium[J]. Translational Psychiatry, 9:211.

ROELFSEMA M R G, HEDRICH R, 2005. In the light of stomatal opening: new insights into 'the Watergate'[J]. New Phytologist, 167(3): 665-691.

RAGEL P, RADDATZ N, LEIDI E O, et al., 2019. Regulation of K^+ nutrition in plants[J]. Frontiers in Plant Science, 10: 281.

RIEDELSBERGER J, VERGARA-JAQUE A, PIÑEROS M, et al., 2019. An extracellular cation coordination site influences ion conduction of OsHKT2; 2[J]. BMC Plant Biology, 19(1): 316.

RAGEL P, RADDATZ N, LEIDI E O, et al., 2019. Regulation of K^+ nutrition in plants[J]. Frontiers in Plant Science, 10 (281): 1-21.

REN X L, QI G N, FENG H Q, et al., 2013 Calcineurin B - like protein CBL 10 directly interacts with AKT 1 and modulates K^+ homeostasis in *Arabidopsis*[J]. The Plant Journal, 74(2): 258-266.

RESH M D,1999. Fatty acylation of proteins: new insights into membrane targeting of myristoylated and palmitoylated proteins[J]. Biochimica et Biophysica Acta (BBA)-Molecular Cell Research, 1451(1): 1-16.

RIGÓ G, AYAYDIN F, TIETZ O, et al., 2013. Inactivation of plasma membrane–localized CDPK-RELATED KINASE5 decelerates PIN2 exocytosis and root gravitropic response in *Arabidopsis*[J]. The Plant Cell, 25(5): 1592-1608.

SCHRAUZER G N, 2002. Lithium: occurrence, dietary intakes, nutritional essentiality[J]. Journal of the American College of Nutrition, 21(1): 14-21.

SCROSATI B, GARCHE J, 2010. Batteries: status, prospects and future[J]. Journal of Power Sources, 195(9): 2419-2430.

SHAH A N, TANVEER M, HUSSAIN S, et al., 2016. Beryllium in the environment: Whether fatal for plant growth?[J]. Reviews in Environmental Science and Bio/Technology, 15(4): 549-561.

SHAHZAD B, MUGHAL M N, TANVEER M, et al., 2017. Is lithium biologically an important or toxic element to living organisms? [J]. Environmental Science and Pollution Research, 24(1): 103-115.

SAPSE A M, SCHLEYER P R, 1995. Lithium chemistry: a theoretical and experimental overview[M]. Wiley, New York.

SCHÄFER U, 2000. The development of lithium from chemical laboratory curiosity to an ultratrace element, a potent drug and a versatile industrial material[J]. In: Seifert M, Langer U, Schäfer U, Anke M (eds). Mengen und Spurenelemente, Author and Element Index 1981-2000. Leipzig: Schubert-Verlag, 21-29.

SCHRAUZER G N, 2002. Lithium: occurrence, dietary intakes, nutritional essentiality[J]. Journal of the American College of Nutrition, 21(1): 14-21.

SCHRAUZER G N, SHRESTHA K P, 1990. Lithium in drinking water and the incidences of crimes, suicides, and arrests related to drug addictions[J]. Biological Trace Element Research, 25(2): 105-113.

SHAHZAD B, MUGHAL M N, TANVEER M, et al., 2017. Is lithium biologically an important or toxic element to living organisms? An overview[J]. Environmental Science and Pollution Research, 24(1): 103-115.

SHAHZAD B, TANVEER M, HASSAN W, et al., 2016. Lithium toxicity in plants: Reasons, mechanisms and remediation possibilities–A review[J]. Plant Physiology and Biochemistry, 107: 104-115.

SMITHBERG M, DIXIT P K, 1982. Teratogenic effects of lithium in mice[J]. Teratology, 26(3): 239-246.

STOLARZ M, KRÓL E, DZIUBIŃSKA H, 2015. Lithium distinguishes between growth and circumnutation and augments glutamate-induced excitation of *Helianthus annuus* seedlings[J]. Acta Physiologiae Plantarum, 37(4): 69.

STOLARZ M, KRÓL E, DZIUBIŃSKA H, et al., 2008. Complex relationship between growth and circumnutations in *Helianthus annuus* stem[J]. Plant signaling and behavior, 3(6): 376-380.

SERRANO R, 1996. Salt tolerance in plants and microorganisms: toxicity targets and defense responses[M]. International Review of Cytology. Academic Press, 165: 1-52.

SHABALA S, MACKAY A, 2011. Ion transport in halophytes[M]. Advances in Botanical Research. Academic Press, 57: 151-199.

SHAHZAD B, TANVEER M, HASSAN W, et al., 2016. Lithium toxicity in plants: Reasons, mechanisms and remediation possibilities[J]. Plant Physiology and Biochemistry, 107: 104-115.

SHI H, ISHITANI M, KIM C, et al., 2000. The *Arabidopsis thaliana* salt tolerance gene SOS1 encodes a putative Na$^+$/H$^+$ antiporter[J]. Proceedings of the National Academy of Sciences, 97(12): 6896-6901.

SAITO S, UOZUMI N, 2020. Calcium-regulated phosphorylation systems controlling uptake and balance of plant nutrients[J]. Frontiers in Plant Science, 11: 44.

SÁNCHEZ-BARRENA M J, MARTÍNEZ-RIPOLL M, ZHU J K, et al., 2005. The structure of the *Arabidopsis thaliana* SOS3: molecular mechanism of sensing calcium for salt stress response[J]. Journal of Molecular Biology, 345(5): 1253-1264.

SANDERS D, BROWNLEE C, HARPER J F, 1999. Communicating with calcium[J]. The Plant Cell, 11(4): 691-706.

SANDERS D, PELLOUX J, BROWNLEE C, et al., 2002. Calcium at the crossroads of signaling[J]. The Plant Cell, 14(suppl 1): S401-S417.

SCHULZ P, HERDE M, ROMEIS T, 2013. Calcium-dependent protein kinases: hubs in plant stress signaling and development[J]. Plant Physiology, 163(2): 523-530.

SHAW S L, LONG S R, 2003. Nod Factor Elicits Two Separable Calcium Responses in *Medicago truncatula* Root Hair Cells[J]. Plant Physiology, 131(3): 976-984.

SHI H, LEE B, WU S J, et al., 2003. Overexpression of a plasma membrane Na$^+$/H$^+$ antiporter gene improves salt tolerance in *Arabidopsis thaliana*[J]. Nature biotechnology, 21(1): 81-85.

SHI J, KIM K N, RITZ O, et al., 1999. Novel protein kinases associated with calcineurin B–like calcium sensors in *Arabidopsis*[J]. The Plant Cell, 11(12): 2393-2405.

SHI S, LI S, ASIM M, et al., 2018. The *Arabidopsis* calcium-dependent protein kinases (CDPKs) and their roles in plant growth regulation and abiotic stress responses[J]. International Journal of Molecular Sciences, 19(7): 1900.

SILVA P, GERÓS H, 2009. Regulation by salt of vacuolar H$^+$-ATPase and H$^+$-pyrophosphatase activities and Na$^+$/H$^+$ exchange[J]. Plant Signaling & Behavior, 4(8): 718-726.

SINGH N K, SHUKLA P, KIRTI P B, 2020. A CBL-interacting protein kinase AdCIPK5 confers salt and osmotic stress tolerance in transgenic tobacco[J]. Scientific Reports, 10(1): 1-14.

STRAUB T, LUDEWIG U, NEUHÄUSER B, 2017. The kinase CIPK23 inhibits ammonium transport in Arabidopsis thaliana[J]. The Plant Cell, 29(2): 409-422.

TANVEER M, HASANUZZAMAN M, WANG L, 2019. Lithium in environment and potential targets to reduce lithium toxicity in plants[J]. Journal of Plant Growth Regulation, 38(4): 1574-1586.

TANDON A, DHAWAN D K, NAGPAUL J P, 1998. Effect of lithium on hepatic lipid peroxidation and antioxidative enzymes under different dietary protein regimens[C]// Journal of Applied Toxicology: An International Forum Devoted to Research and Methods Emphasizing Direct Clinical, Industrial and Environmental Applications. Chichester: John Wiley & Sons, Ltd., 18(3): 187-190.

TANVEER M, HASANUZZAMAN M, WANG L, 2019, Lithium in environment and potential targets to reduce lithium toxicity in plants[J]. Journal of Plant Growth Regulation, 38(4):1574-1586.

TIMMER R T, SANDS J M, 1999. Lithium intoxication[J]. Journal of the American Society of Nephrology, 10(3): 666-674.

TING-QIANG L I, YANG X E, JIN-YAN Y, et al., 2006. Zn accumulation and subcellular distribution in the Zn hyperaccumulator Sedum alfredii Hance[J]. Pedosphere, 16(5): 616-623.

TSURUTA T, 2005. Removal and recovery of lithium using various microorganisms[J]. Journal of Bioscience and Bioengineering, 100(5): 562-566.

TANG R J, WANG C, LI K, et al., 2020a. The CBL–CIPK calcium signaling network: unified paradigm from 20 years of discoveries[J]. Trends in Plant Science, 25(6): 604-617.

TANG R J, ZHAO F G, YANG Y, et al., 2020b. A calcium signalling network activates vacuolar K^+ remobilization to enable plant adaptation to low-K environments[J]. Nature Plants, 6(4): 384-393.

TIAN Q, ZHANG X, YANG A, et al., 2016. CIPK23 is involved in iron acquisition of *Arabidopsis* by affecting ferric chelate reductase activity[J]. Plant Science, 246: 70-79.

TORRE FAZIO F, POZO CAÑAS O, PERSONAT J M, et al., 2017. A universal stress protein involved in oxidative stress is a phosphorylation target for protein kinase CIPK6[J]. Plant Physiology, 173 : 836-852.

TING-QIANG L I, YANG X E, JIN-YAN Y, et al., 2006. Zn accumulation and subcellular distribution in the Zn hyperaccumulator Sedum alfredii Hance[J]. Pedosphere, 16(5): 616-623.

TSURUTA T, 2005. Removal and recovery of lithium using various microorganisms[J]. Journal of Bioscience and Bioengineering, 100(5): 562-566.

TANG R J, WANG C, LI K, et al., 2020a. The CBL–CIPK calcium signaling network: unified paradigm from 20 years of discoveries[J]. Trends in Plant Science, 25(6): 604-617.

TANG R J, ZHAO F G, YANG Y, et al., 2020b. A calcium signalling network activates vacuolar K^+ remobilization to enable plant adaptation to low-K environments[J]. Nature Plants, 6(4): 384-393.

Tian Q, Zhang X, Yang A, et al., 2016. CIPK23 is involved in iron acquisition of *Arabidopsis* by affecting ferric chelate reductase activity[J]. Plant Science, 246: 70-79.

Torre Fazio F, Pozo Cañas O, Personat J M, et al., 2017. A universal stress protein involved in oxidative stress is a phosphorylation target for protein kinase CIPK6[J]. Plant Physiology, 173 : 836-852.

URAGUCHI S, KAMIYA T, SAKAMOTO T, et al., 2011. Low-affinity cation transporter (OsLCT1) regulates cadmium transport into rice grains[J]. Proceedings of the National Academy of Sciences, 108(52): 20959-20964.

VERSLUES P E, BATELLI G, GRILLO S, et al., 2007. Interaction of SOS2 with nucleoside diphosphate kinase 2 and catalases reveals a point of connection between salt stress and H_2O_2 signaling in *Arabidopsis thaliana*[J]. Molecular and Cellular Biology, 27(22): 7771-7780.

WANG Y, SHEN H, XU L, et al., 2015. Transport, ultrastructural localization, and distribution of chemical forms of lead in radish (*Raphanus sativus* L.)[J]. Frontiers in Plant Science, 6: 293.

WANG Y, STASS A, HORST W J, 2004. Apoplastic binding of aluminum is involved in silicon-induced amelioration of aluminum toxicity in maize[J]. Plant Physiology, 136(3): 3762-3770.

WENG B, XIE X, WEISS D J, et al., 2012. *Kandelia obovata* (S., L.) Yong tolerance mechanisms to cadmium: subcellular distribution, chemical forms and thiol pools[J]. Marine Pollution Bulletin, 64(11): 2453-2460.

WANG L, FENG X, YAO L, et al., 2020. Characterization of CBL–CIPK signaling complexes and their involvement in cold response in tea plant[J]. Plant Physiology and Biochemistry, 154: 195-203

WANG M, GU D, LIU T, et al., 2007. Overexpression of a putative maize calcineurin B-like protein in *Arabidopsis* confers salt tolerance[J]. Plant Molecular Biology, 65(6): 733-746.

WEINL S, KUDLA J, 2009. The CBL–CIPK Ca^{2+}-decoding signaling network: function and perspectives[J]. New Phytologist, 184(3): 517-528.

XU K,2019. A long journey of lithium: from the big bang to our smartphones[J]. Energy & Environmental Materials, 2(4): 229-233.

XIONG L, LEE H, HUANG R, et al., 2004. A single amino acid substitution in the *Arabidopsis* FIERY1/HOS2 protein confers cold signaling specificity and lithium tolerance[J]. The Plant Journal, 40(4): 536-545.

XU J, LI H D, CHEN L Q, et al., 2006. A protein kinase, interacting with two calcineurin B-like proteins, regulates K^+ transporter AKT1 in *Arabidopsis*[J]. Cell, 125(7): 1347-1360.

YAN H L, SHI J R, ZHOU Y T, et al., 2018. The nature of the lithium enrichment in the most

Li-rich giant star[J]. Nature Astronomy, 2(10): 790-795.

YORK J D, PONDER J W, MAJERUS P W, 1995. Definition of a metal-dependent/ Li$^+$-inhibited phosphomonoesterase protein family based upon a conserved three-dimensional core structure[J]. Proceedings of the National Academy of Sciences, 92(11): 5149-5153.

YANG Q, CHEN Z Z, ZHOU X F, et al., 2009. Overexpression of SOS (*Salt Overly Sensitive*) genes increases salt tolerance in transgenic *Arabidopsis*[J]. Molecular Plant, 2(1): 22-31.

YOUNG J J, MEHTA S, ISRAELSSON M, et al., 2006. CO$_2$ signaling in guard cells: calcium sensitivity response modulation, a Ca^{2+}-independent phase, and CO$_2$ insensitivity of the gca2 mutant[J]. Proceedings of the National Academy of Sciences, 103(19): 7506-7511.

ZALDÍVAR R, 1980. High lithium concentrations in drinking water and plasma of exposed subjects[J]. Archives of Toxicology, 46(3-4): 319-320.

ZARSE K, TERAO T, TIAN J, et al., 2011. Low-dose lithium uptake promotes longevity in humans and metazoans[J]. European Journal of Nutrition, 50(5): 387-389.

ZHU F, LI Q, ZHANG F, et al., 2015. Chronic lithium treatment diminishes the female advantage in lifespan in *Drosophila melanogaster*[J]. Clinical and Experimental Pharmacology and Physiology, 42(6): 617-621.

ZHANG X, LI X, ZHAO R, et al., 2020. Evolutionary strategies drive a balance of the interacting gene products for the CBL and CIPK gene families[J]. New Phytologist, 226(5): 1506-1516.

ZHAO J, SUN Z, ZHENG J, et al., 2009. Cloning and characterization of a novel CBL-interacting protein kinase from maize[J]. Plant Molecular Biology, 69(6): 661-674.

ZHOU X, HAO H, ZHANG Y, et al., 2015. Sos2-like protein kinase5, an snf1-related protein kinase3-type protein kinase, is important for abscisic acid responses in Arabidopsis through phosphorylation of Abscisic acid-insensitive5[J]. Plant Physiology, 168(2): 659-676.

A. 当生菜生长在含有 100 mg/L 的 Li⁺ 条件下，老叶叶片坏死斑的表型（Kalinowska et al., 2013）；

B. 向日葵在正常生长条件下和含有 50 mg/L 的 Li⁺ 条件下的叶片表型比较（Hawrylak-Nowak et al., 2012）

图 2-1　高锂浓度对不同植物的毒性表型

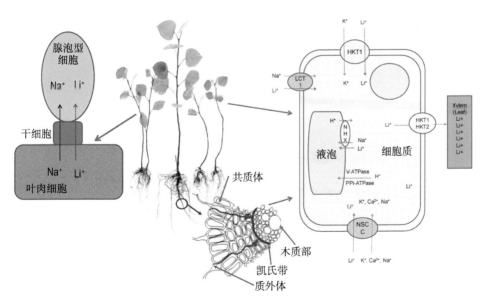

图 3-1　植物对锂的吸收、转运和区隔化推测模型

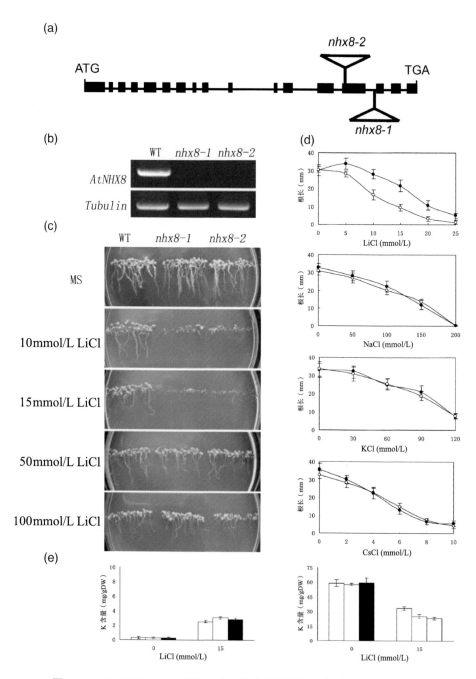

图 3-2 *AtNHX8* T-DNA 插入突变体的鉴定及锂敏感表型（An et al., 2007）

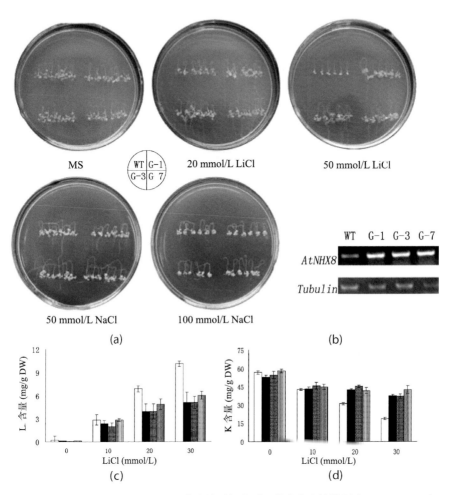

MS   20 mmol/L LiCl   50 mmol/L LiCl

50 mmol/L NaCl   100 mmol/L NaCl

(a)

(b)

(c)

(d)

图 3-3 *AtNHX8* 过表达植株种子萌发的耐锂表型及萌发率比较结果（An et al., 2007）

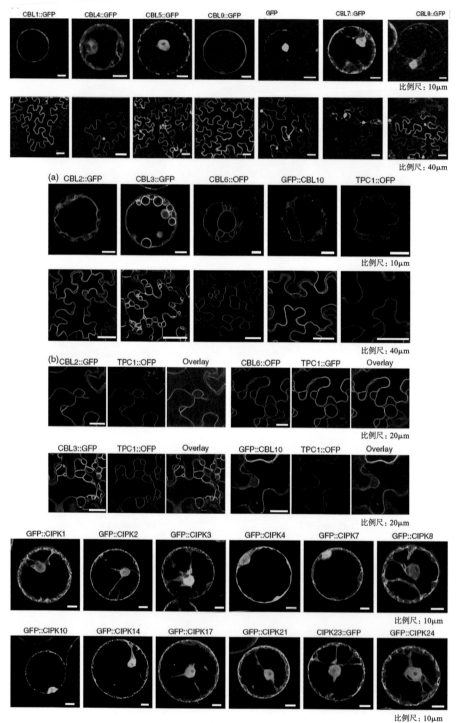

图 4-1　*CBL* 和部分 CIPK 家族成员亚细胞定位（Batistič et al.,2010）

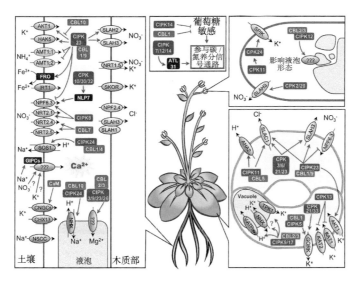

图 4-2　拟南芥 CBL/CIPK 在 C/N 养分响应中的作用及拟南芥根、保卫细胞、花粉管中 Ca²⁺
依赖性磷酸化系统对离子通道 / 转运蛋白的调节示意（Saito and Uozumi, 2020）

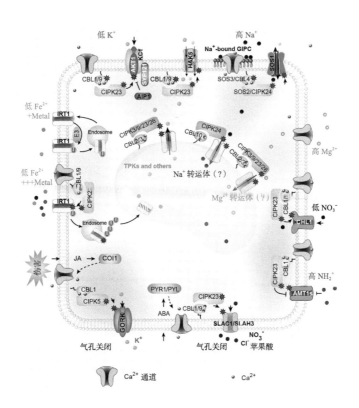

图 4-3　CBL-CIPK 信号网络对植物细胞中膜运输过程的调节

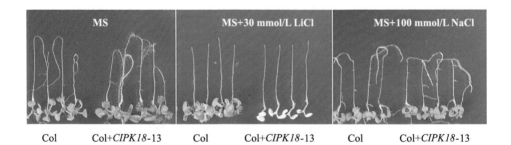

Col　　　Col+*CIPK18*-13　　　Col　　　Col+*CIPK18*-13　　　Col　　　Col+*CIPK18*-13

图 5-1　*AtCIPK18* 过量表达植株在含有 30 mmol/L LiCl 的 MS 培养基上表型检测

注: MS 培养基上生长 5 d 的 Col、Col+*CIPK18*-13 移至 MS 和 MS+30 mmol/L LiCl、MS+100 mmol/L NaCl 上生长 8 d 的表型比较。

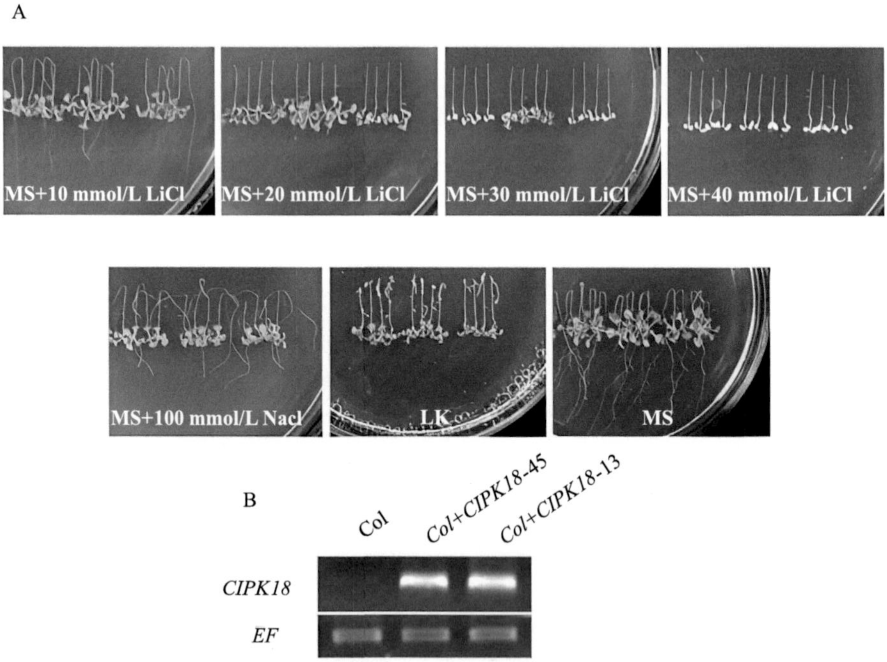

A

MS+10 mmol/L LiCl　　MS+20 mmol/L LiCl　　MS+30 mmol/L LiCl　　MS+40 mmol/L LiCl

MS+100 mmol/L Nacl　　　　LK　　　　MS

B

Col　　Col+*CIPK18*-45　　Col+*CIPK18*-13

CIPK18

EF

图 5-2　*AtCIPK18* 过量表达植株在不同浓度锂、高盐、低钾下的表型检测

注:(A)MS 培养基上生长 5 d 的 Col,Col+*CIPK18*-13,Col+*CIPK18*-45 移至 MS 和处理培养基上生长 9 d 的表型比较;(B)RT-PCR 鉴定 *CIPK18* 过表达材料。

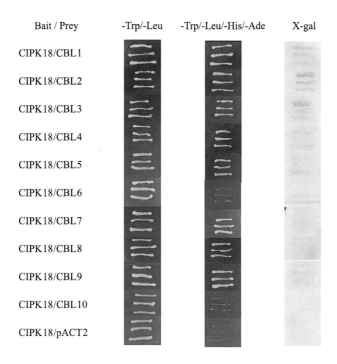

Bait / Prey	-Trp/-Leu	-Trp/-Leu/-His/-Ade	X-gal
CIPK18/CBL1			
CIPK18/CBL2			
CIPK18/CBL3			
CIPK18/CBL4			
CIPK18/CBL5			
CIPK18/CBL6			
CIPK18/CBL7			
CIPK18/CBL8			
CIPK18/CBL9			
CIPK18/CBL10			
CIPK18/pACT2			

图 5-7　酵母双杂交实验分析 **AtCIPK18** 与 **AtCBL** 家族 **10** 个成员之间的互作

Col　　Col+*CBL3*-3　　Col+*CBL3*-1

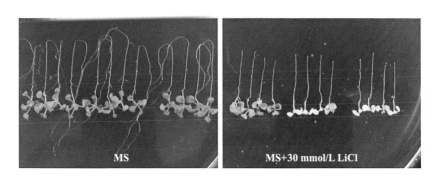

MS　　　　MS+30 mmol/L LiCl

图 5-8　**AtCBL3** 过量表达植株高锂表型

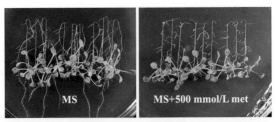

Col+*CIPK18*-13 Col Col+*CIPK18*-45   Col+*CIPK18*-13 Col Col+*CIPK18*-45

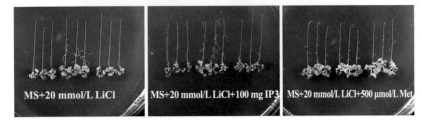

MS+20 mmol/L LiCl   MS+20 mmol/L LiCl+100 mg IP3   MS+20 mmol/L LiCl+500 μmol/L Met

Col+*CIPK18*-13 Col Col+*CIPK18*-45   Col+*CIPK18*-13 Col Col+*CIPK18*-45   Col+*CIPK18*-13 Col Col+*CIPK18*-45

图 5-9 *AtCIPK18* 过量表达植株在补加肌醇和蛋氨酸的含锂 MS 培养基中表型检测

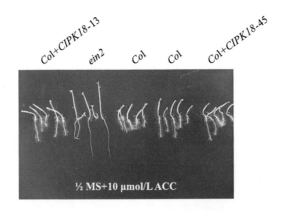

图 5-10 *AtCIPK18* 过量表达植株在 1/2MS 培养基中外加 10 μmol/L ACC 合酶暗中生长 6d 的表型